旅鉄車両
ファイル 008

国鉄

205系

通勤形電車

205系0番代　京浜東北線
田町　1990年4月
写真／高橋政士

205系は試作車はなく、量産先行車から
製造され、山手線に初投入された。写真
はクハ204-3以下、量産先行車の10両
編成。奥に見える内回りも205系である。
東京 1985年10月19日 写真／大那庸之助

仙石線は205系の北限路線である。2011年の東日本大震災では2編成が被災した。震災で壊滅的な被害を受けた仙石線は線路を付け替えて復旧し、205系が再び走っている。野蒜〜陸前小野間　2015年5月30日　写真／高橋政士

南武線には新製投入された205系のほか、山手線から転属した初期車、首都圏の長編成では唯一となる先頭車化改造された編成もあり、バリエーションが豊かであった。尻手　2014年7月16日　写真／富井信浩

京葉線に新製投入された205系は、FRP製の白い前面を装着していた。沿線のテーマパークにちなんでメルヘン顔と呼ばれた。
葛西臨海公園　2009年3月21日　写真／高橋政士

首都圏屈指の混雑路線だった埼京線も、205系の舞台だった。103系時代は山手線と同じウグイス色だったが、205系ではモスグリーンよりやや明るい緑15号の帯が巻かれた。池袋〜板橋間　2015年5月10日　写真／富井信浩

電化に合わせて、専用の前面を持つ205系500番代が
新製投入された相模線。2022年3月まで輸送を支え続けた。
入谷　2009年1月25日　写真／高橋政士

オリジナル前面を持つ205系が
現役の路線は、全国で奈良線の
みとなった。阪和線から1000
番代（右）も転入し、JR西日本
で唯一、205系の現役路線と
なっている。2021年6月18日
写真／富井信浩

関西地区の205系が初投入されたのは東海道・山陽緩行線だが、長く活躍したのは阪和線だった。103系と並ぶ光景が2018年まで見られ、国鉄を代表する通勤形2形式が活躍した。天王寺　2016年1月28日
写真／富井信浩

首都圏を追われた205系が転属したのは、意外にも北関東の東北本線（宇都宮線）・日光線だった。宇都宮線では2編成を併結した8両編成での運転もあった。矢板〜野崎間　2019年5月26日　写真／高橋政士

Contents 旅鉄車両ファイル 008

表紙写真：
205系山手線（クハ205-4以下 10両編成）
恵比寿　1987年8月29日
写真／大那庸之助

第 1 章

205系通勤形電車の概要

国鉄末期の1985年に登場した205系は、界磁添加励磁制御、軽量ステンレス構造の車体、ボルスタレス台車、電気指令ブレーキ、一段下降窓といった新技術を多数採用した。これら技術面の進歩は、その後のJR・私鉄の通勤形電車にも大きな影響を与えた。第1章では、205系の概要について技術面を中心に見ていく。

205系通勤形電車のプロフィール

文●高橋政士　資料協力●岡崎 圭、中村 忠、高橋政士

電力回生ブレーキを持ち、電機子チョッパ制御を採用した201系は「省エネ電車」として華々しくデビューしたが、車両製造費が高かった。そこで低コストで回生ブレーキを実装できる界磁添加励磁制御を新たに開発、同時に軽量ステンレス構造の車体を国鉄で初めて採用したのが205系である。

国鉄 205系 通勤形電車

数々の"国鉄初"を満載し、山手線で営業運転に就いた205系の第1編成。クハ204-1以下10両編成。東京　1985年10月19日　写真／大那庸之助

概要

抵抗制御に代わる
チョッパ制御が登場

　1973（昭和48）年の第一次オイルショックにより、時代は「省エネルギー」を求めていた。当時の通勤形電車の代表である103系などは抵抗制御車で、力行時の電圧制御のためにムダな電力を消費していた。また、発電ブレーキは走行エネルギーを電力に変換していたが、それを主抵抗器で熱に変換して放熱され、有効利用されることはなかった。

　そのような時代背景の中、1971（昭和46）年に量産車で初めて（試作は1968（昭和43）年）、本格的な電機子チョッパ制御を採用し、電力回生ブレーキを持った営団地下鉄（現・東京メトロ）6000系が登

103系の後継として開発された"省エネ電車"201系。製造コストがかさみ、増備に二の足が踏まれた。千駄ケ谷 1983年2月23日 写真/大那庸之助

場。千代田線に投入され、常磐緩行線と相互直通運転を開始した。対する国鉄は抵抗制御の103系1000番代であり、当初から発電ブレーキの排熱によるトンネル内の温度上昇と、電力使用量の多さが問題視されていた。

しかし、国鉄も手をこまねいていたわけではなく、試作の591系交直流電車でブレーキ用の界磁チョッパ制御を試験していた。この界磁チョッパ制御は基本的に抵抗制御であり、主回路に使用する半導体は小容量のものでよく、比較的低コストで回生ブレーキを実現できることから、1969(昭和44)年に量産車では世界で初めて東急電鉄8000系に採用された。

しかし、界磁チョッパ制御で使用する直流複巻電動機は構造が複雑で、架線(電源)電圧変動に弱く、致命的な故障であるフラッシュオーバーを発生しやすいうえ、メンテナンスにも手間が掛かる。また、力行時には抵抗制御であるため有接点の制御装置が存在し、空転の発生もあることから、国鉄では力行時にトルク変動が少ない電機子チョッパ制御を採用した。

電機子チョッパ制御であれば、従来から使用している直流直巻電動機が使用できる。国鉄車両は一系列で1000両を超えることもあり、列車単位が

大きく本数も多いため、架線電圧変動が大きい国鉄線ではメリットも大きい。しかし、営団6000系の電力回生ブレーキは低速域からでしか作用しないものなので、地上線を走る国鉄車両では回生ブレーキの性能が不足していた。

そこで高速域からの電力回生ブレーキを可能とする方式を開発。1979(昭和54)年に201系直流通勤形電車の試作車が完成し、1981(昭和56)年には量産車を投入するに至った。電機子チョッパ制御は主回路自体をチョッパ制御するため、大容量の半導体を使用するため高価だが、カム軸制御器がなくなるなど接点を大幅に減らすことでメンテナンス量を軽減することができた。

界磁添加励磁制御の205系電車が登場

201系量産車登場からまもなく、111・113・115系置き換え用の新型電車の検討が始まった。元来、通勤形電車から特急形電車まで制御方式を統一して全体のコストダウンを図るため、高速域からの電力回生ブレーキを可能とした201系同様の電機子チョッパ制御の採用も検討されていたが、前述のように初期投資が大きなものとなり、財政問題を抱える国鉄では二の足を踏まずにはいられなかった。

表1　205系の主要性能および諸元

項目 ＼ 形式		クハ205 Tc	クハ204 Tc'	モハ205 M	モハ204 M'	サハ205 T
主要寸法 （mm）	最大長	19,500				
	最大幅	2,800				
	屋根高さ	3,670				
	パンタ折りたたみ高さ	-		4,140	-	
	心皿間距離	13,800				
	床面高さ	1,180				
定員（　）内座席		136(48)		144(54)		
予定重量(t)		26.5		34.9	36.2	24.5
電動車一組の 一時間定格	出力(kW)	-		960		-
	速度(km/h)	-		39		-
	引張力(kg)	-		8,870		-
最高運転速度(km/h)		100				
台車		TR235		DT50		TR235
歯数比		-		14:85=1:6.07		-
主要機器	パンタグラフ	-		PS21	-	
	主制御器	-		CS57	-	
	励磁装置	-		HS52	-	
	主抵抗器	-		MR159	-	
	主電動機	-		MT61		
	電動発電機	-			DM106 (190kVA)	-
	電動空気圧縮機	-			MH3075- C2000M	-
	冷房装置	AU75G				
制御方式		直並列組合せ抵抗制御、界磁添加励磁制御、回生ブレーキ付				
ブレーキ方式		回生ブレーキ併用電気指令空気ブレーキ、直通予備ブレーキ付				

国鉄 205系 通勤形電車

そこで新たに浮上したのが「界磁添加励磁制御」であり、これを採用することで新たな近郊形電車を導入することになった。

1985（昭和60）年3月ダイヤ改正で武蔵野線と横浜線の輸送力増強を行うため、山手線へ新車を投入し、捻出した103系を両線で使用することになり、本来、近郊形電車用として準備していた界磁添加励磁制御を一足先に採用した通勤形電車が製造されることとなり、205系直流通勤形電車が登場した。

205系の導入が最終的に決定されたのは1984（昭和59）年6月も終わり頃で、そこから設計を始め、翌85（昭和60）年3月には40両の量産先行車が完成している。新しい制御方式にもかかわらず900番代などの試作車が製造されなかったのは、界磁添加励磁制御自体は国鉄の技術課題で101系

を改造した試験で確立された技術を採用したのと、チョッパ制御などで実績のある電力用半導体を使用しており、ほかの使用機器も実績のあるものを採用したため、必要がなかったためといわれる。

山手線に投入された
205系量産先行車
（クハ205-4）。
東京　1987年1月10日
写真／大那庸之助

車体外部ステンレス材料使用区分

図／『205系通勤形電車説明書』より

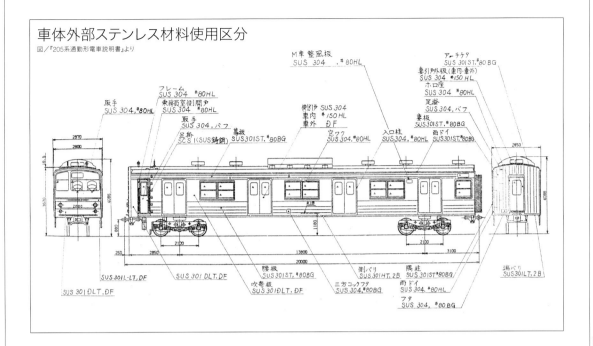

車体

オールステンレス車体で
国鉄初の量産車

　205系の外観で最も特徴的なのが車体だ。国鉄では初めての軽量オールステンレス構造となり、同時に製造工程の簡略化、軽量化を目的に戸袋窓が廃止されている。戸袋窓が廃止されたのは、国鉄の通勤形電車では203系に続くものであった。

　デザイン的には201系を踏襲し、前面窓は大型化され、窓周辺は201系軽装車と同じくアルミのアルマイト処理とされている。前面は曲面処理の難しいステンレスではなく、FRPを額縁状に成形したものを使用し、見栄えを良くしている。

　国鉄では過去にオールステンレス車としてキハ35形900番代を東急車輌製造で試作したことがあるが（サロ153形900番代はセミステンレス、汽車会社製）、その後は301系、203系、381系、200系新幹線などアルミ合金製の車体を採用していたため、初めてのオールステンレス車体の量産車となった。前述のキハ35形900番代は鋼製車体をステンレスに置き換えたものだったが、205系は軽量ステンレス構造を採用したことが大きく違っている。

車体の構造を改良し
軽量化を実現

　軽量ステンレス構造の原設計は東急車輌製造で、同社はオールステンレス構造の車体について米国バット社と提携し、1960年代から国内で製造を行うなど、ステンレス車両のトップメーカーである。国内で初めてとなる軽量ステンレス構造は同社製の東急デハ8400形の2両で、従来のステンレス車体との外観上の大きな違いは側面である。

　鋼製車体では腐食して鋼板が薄くなることを考慮し、錆代と呼ばれる鋼板を厚くする設計が用いられるが、腐食しないステンレスでは錆代を設ける必要がなく、外板を強度上必要最低限度まで薄くすることが可能だ。しかし、薄くすると外板に溶接歪みが出ることから、補強用にコルゲート板と呼ばれる波板状のものを外板に使用している。この方法では車体の軽量化が限られたものになり、外板の清掃も手間が掛かる。

　そこで、軽量ステンレス構造では、有限要素法などのコンピュータ解析を駆使し、外板にビード出し加工を施すことによって強度と見栄えをアップ。構造材も強度を大きくする断面形状として鋼製車では3.2〜6mm厚だったものを1〜1.5mm厚と大幅に軽

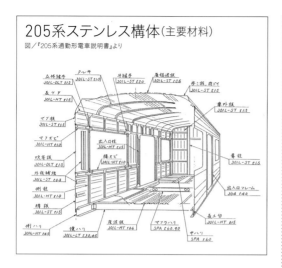

205系ステンレス構体(主要材料)
図／『205系通勤形電車説明書』より

量化した。さらに屋根もビード出し加工を施すことで0.6mm厚と鋼製車の半分程度の厚みとなり、鋼体重量は「重い」といわれた201系(モハ200形)の9.9トンに対して、205系(モハ204形)では6.4トンとなり、35%(3.5トン)もの軽量化を達成している。ちなみにアルミ合金製の203系(モハ202形)の鋼体重量は4.8トンと大変軽量だが、製造コストは軽量ステンレス構造よりも高価なものとなる。

　このように連続ビード出し加工が可能になったことと併せ、外板補強を内側に溶接することで見栄えの良い車体ができあがった。

　ただし、オールステンレス構造といっても、大きな荷重が加わる枕梁や、連結器が取り付けられる車端中梁、電動発電機(MG)を吊り下げる横梁は、厚板を使用する関係もあってステンレス鋼では加工しづらく、普通鋼が使用されている。

鉄道車両用の
ステンレス鋼を開発

　従来の鉄道車両用のステンレス鋼は、車両用として開発された低炭素高抗張力ステンレス鋼のSUS301を使用している。ステンレス鋼は鉄とクロム、ニッケルなどの合金で、腐食しない原理はクロムが表面で酸化クロムを構成することから、それ以上腐食が進まないというものだ。腐食を抑えるためにはクロムの含有量が最低12%はなければならず、SUS301ではクロムを16〜18%、ニッケルを6〜8%含有している。

　この材料は冷間圧延によって抗張力を高めることが可能で、車体全長に渡るような台枠側梁や、側板上部の屋根との接合部分に用いられる長桁などは、溶接部分をなくすため引抜加工で製造している。引抜加工にはドローベンチという機械を使用し、コイル材から所定の形をしたダイスと呼ばれる金型を通し、引き抜いて部材を製造するもので、正確な寸法の長い部材を作ると同時に、引抜によって抗張力を高めている。

　ステンレス鋼は炭素を含むため、曲げなどの加工時の残留応力や、溶接の際に炭素鋼に用いるようなアーク溶接では入熱量が大きくなり、炭化クロムの析出などによって周囲にクロムの少ない部分が発生し、溶接割れや腐食が発生することもある。このため炭素含有量が0.15%の通常のSUS301に対して、東急車輌では0.08%のものを使用。さらに軽量ステンレス構造用として、東急車輌をはじめとする車両メーカーや国鉄車両設計事務所などが発足させたステンレス技術委員会が、新たに炭素量が0.03%程度のSUS301Lを規格化して使用している。

屋根にもステンレスを使用
水密性の高い車体構造

　溶接は主に抵抗スポット溶接としている。スポット溶接は溶接部材の一点に電流を流し、電気抵抗による発熱を利用して溶接するものだ。ステンレス車体を観察すると、小さな丸い痕跡が付いているが、これがスポット溶接の跡である。この方法では隙間が生じることから、外板などの溶接の際は事前に材料の間に導電性のあるシール材を挟んでスポット溶接を行い、水密性を確保している。

　屋根板は側板よりも水密性を要求されることから、スポット溶接に加えて、スポット溶接の電極棒をローラー状とした抵抗シーム溶接を用いて連続的に溶接できる方法を使っている。205系では絶縁を兼ねてポリウレタン塗料による塗り屋根としているが、後年の719系など交流電車では屋根もステンレス無塗装仕上げとなっているので、無塗装でも水密性が保たれていることがよく分かる。

　構造材などでアーク溶接が必要な部分では、重ね合った部材の片方に穴を開け、その部分にアーク溶接を行うプラグ溶接などを使用し、冷却水を

使用するなど、入熱量を極力少なくなるように溶接を行っている。

外板に使用するステンレス鋼板は定尺板を利用し、幅の関係もあって幕板、吹寄板、腰板部分に3分割されている。幕板と腰板部分はビード加工を施していて、205系からはビード端末も一体成形するものが採用された。これは日立製作所が開発したもので、205系の車体組立にあたっては部品点数が少なくなるこの工法が採用された。また、車体組立の際に使用する継手も、東急方式では平板継手だったが、日立では立体継手を開発し、こちらの方が強度的に優れていたことから205系に採用された。制御方式では後塵を拝した日立だが、目立たないところでは面目躍如といったところだろう。

窓間の吹寄板は、戸袋窓が廃止されたことでよく目立つ部分が出ることもあり、平面性の高い特別寸法の1枚板で構成し、歪みを目立たなくしている。また、ビード加工がされないため溶接歪みが目立つことから、ダルフィニッシュ（梨地仕上げ）加工を施して、補強材との溶接痕などが目立たない加工としている。

東急車輌が開発した技術を国鉄のために公開

しかし、この東急車輌が開発した軽量ステンレス構造を国鉄が導入するには問題があった。公共企業体である国鉄は、特定の1社に独占するような発注はできなかった。こういった経緯から東急車輌は苦渋の決断を経て技術公開を行い、205系に新しい車体構造である軽量ステンレス構造が採用された。この技術公開によって車両メーカー各社が軽量ステンレス構造の車体を製造するようになり、国内でステンレス車両が一気に普及するきっかけとなった。

なお、現在では、キハ35形900番代や東急7000系などに代表される、コルゲート板を側板に使ったステンレス車体を第1世代、205系など連続ビード加工を採用した軽量ステンレス車体を第2世代、209系など以降の平板を使用したさらなるステンレス車体は第3世代、さらにレーザー溶接などを使用し、アルミ車体並みの軽量化を実現したJ-TREC製のsustina（E235系）などの車体は第4世代と呼ばれている。

ステンレス車体の清掃

電車の車体はパンタグラフからの金属粉、制輪子やレール面の錆などで汚れる。主に錆による汚れなので、従来の鋼製車ではシュウ酸を使用した洗剤によって、表面の錆を溶かして車体清掃を行っていた。

無塗装で手間が掛からないことが最大の特徴であるステンレス車体も同様なのだが、無塗装のため、ことさら汚れが目立つようになり、1960年代の国鉄では対策として塗装されてしまった。

205系が登場して国鉄にも本格的なステンレス車体の時代が訪れたが、ここで205系ならではともいえる汚れが、登場後わずか半年ぐらいから発生した。頻繁な乗降やラッシュ時の押し込みなどで乗客が車体に触れるため、客用扉周辺の梨地仕上げ部分に手垢（皮脂汚れ）や新聞のインクによる黒ずみが目立つようになったのだ。この汚れは従来のシュウ酸を含んだ洗剤や中性洗剤では落ちず、国鉄時代には大きく改善できなかった。

分割民営化後、JR東日本では車両の美化に力を入れ、洗剤メーカー協力のもと、数種類の洗剤が検討され、客用扉周辺の汚れはなくなっていった。さらに汚れを付着させないコーティングを施すなど、いろいろな工夫が行われた（現在はあまり用いられないようだ）。

現在では洗剤の性能が良くなったので、洗車のみできれいな状態を保っている。鉄道車両がいつもきれいなのは、こういった現場と洗剤メーカーなどの努力の積み重ねによるものだ。

一体成形された腰板のビード末端部分。写真／高橋政士　協力／JR東日本

台車

台車の構造を簡素化した
ボルスタレス台車

　制御方式と共に台車もこれまでにないまったく新しい台車となった。形式は動力台車がDT50、付随台車がTR235である。この台車は国鉄の量産型電車で初めてボルスタレス台車となった。

　ボルスタとは「揺れ枕装置」とも呼ばれるもので、103系などのDT33・TR201を例にとると車体荷重は心皿から上揺れ枕、枕バネ、下揺れ枕、揺れ枕吊リ、台車枠、軸バネ、軸箱、車軸と伝達される。揺れ枕吊リは前後方向から見てハの字型に設けられており、金属バネの復元性を利用して左右動を抑制している。また、201系のDT46・TR231では、揺れ枕装置は簡略化されたものの回転梁(枕梁＝空気バネ横たわみ方式)として存在していた。

　対してDT50・TR235のボルスタレス台車は大変簡素化された構造で、車体支持装置からボルスタを廃し、空気バネを車体と台車の間に直接入れることで車体荷重を台車に伝えている。空気バネはボルスタレス台車用の低横剛性大型ダイヤフラム型空気バネが用いられており、横揺れに対して復元力は働くものの、曲線における台車の回転は許容する構造となっている。

　空気バネ上面は車体を直接載せることから、摩耗を防ぐために上面板とゴムダイヤフラムの間にテフロン製の摺動板と、ナイロン製の編み布が挟み込んである。さらにダイヤフラム直下には緩衝積層ゴムがあり、曲線通過でダイヤフラムが変形した際に、積層ゴムも横方向に変形することにより、ダイヤフラムの負荷を軽減し、さらに空気バネのエアが抜けた状態になると、緩衝積層ゴムが車体荷重を直接負担して緩衝作用を行うようになっている。

　牽引力は台車枠中心部に牽引梁を設けて、その

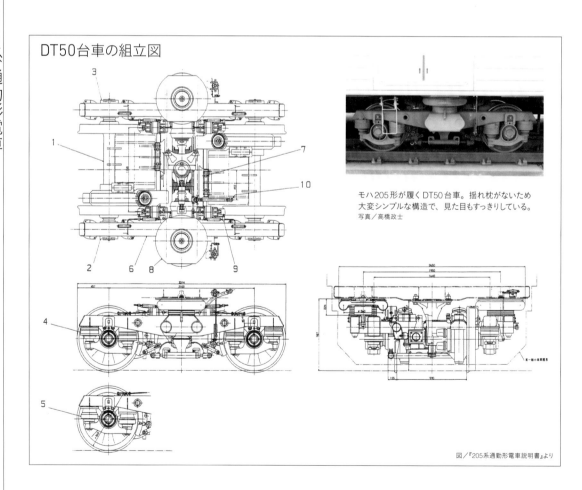

DT50台車の組立図

モハ205形が履くDT50台車。揺れ枕がないため大変シンプルな構造で、見た目もすっきりしている。
写真／髙橋政士

図／『205系通勤形電車説明書』より

国鉄205系通勤形電車

16

TR235台車（205系電車）

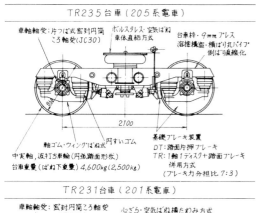

車軸軸受：片つば式密封円筒ころ軸受（JC30）
ボルスタレス・空気ばね車体直結方式
台車枠・9mmプレス溶接構造・横ばり扛パイプ側ばり直線化
2100
軸ゴム・ウィングばね式
中実軸、波打ち車輪（円弧踏面形状）
円すいゴム
基礎ブレーキ装置
DT：踏面片押ブレーキ
TR：1軸1ディスク+踏面ブレーキ併用方式（ブレーキ力分担比7:3）
台車重量（ばね下重量）4,600kg（2,500kg）

TR231台車（201系電車）

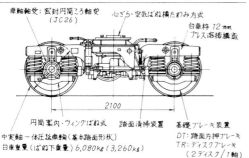

車軸軸受：蜜封円筒ころ軸受（JC26）
心ざら・空気ばね横たわみ方式
台車枠12mmプレス溶接構造
2100
円筒案内・ウィングばね式
中実軸一体圧延車輪（基本踏面形状）
踏面清掃装置
基礎ブレーキ装置
DT：踏面片押ブレーキ
TR：ディスクブレーキ（2ディスク/1軸）
台車重量（ばね下重量）6,080kg（3,260kg）

205系のTR235と、201系のTR231の比較。部品点数や重量が大幅に減っているのが分かる。

電動台車DT50形

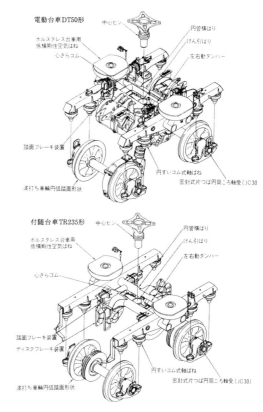

中心ピン
円管横ばり
けん引ばり
左右動ダンパー
ボルスタレス台車用低横剛性空気ばね
心さらゴム
踏面ブレーキ装置
波打ち車輪円弧踏面形状
円すいゴム式軸ばね
密封式片つば円筒ころ軸受（JC30）

付随台車TR235形

中心ピン
円管横ばり
けん引ばり
左右動ダンパー
ボルスタレス台車用低横剛性空気ばね
心さらゴム
踏面ブレーキ装置
ディスクブレーキ装置
波打ち車輪円弧踏面形状
円すいゴム式軸ばね
密封式片つば円筒ころ軸受（JC30）

ボルスタレス台車の構造図。上がDT50、下がTR235。

TR235台車の組立図

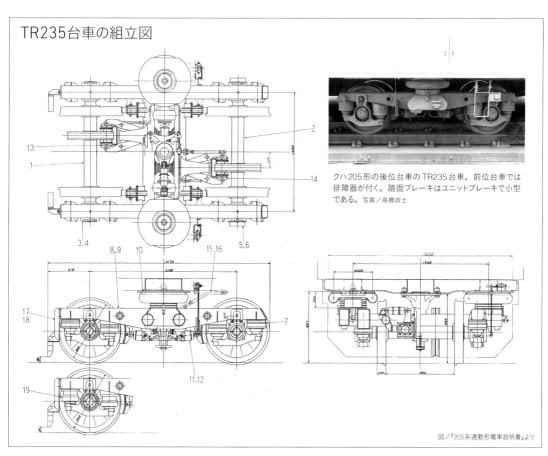

13
1
2
14
3.4
8,9
10
15,16
5.6
17
18
7
11.12
19

クハ205形の後位台車のTR235台車。前位台車では排障器が付く。踏面ブレーキはユニットブレーキで小型である。写真／高橋政士

図／『205系通勤形電車説明書』より

DT50の空気バネ。上面の摺動板の上に車体が載る。写真／高橋政士

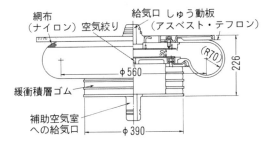
空気バネの構造図。

中央に車体から延びた中心ピンを入れて台車から車体に伝えている。この牽引梁は台車枠に心皿ゴムを介して取り付けられている。心皿ゴムは鋼板とゴム板を積層サンドイッチとしたもので、牽引力を伝える前後方向には硬く、横方向には偏倚することから、車体左右動に対しては若干の移動を許容している。

なお、このままでは車体の動揺が大きくなるため、左右方向の急激な揺れを抑制するために左右動ダンパが設けられている。

一体圧延波打車輪で軽量化を図る

台車側梁は揺れ枕装置がないことから強度的に有利な直線形状とし、横梁はシームレスパイプを側梁に貫通させ溶接している。貫通していることから溶接部に補強もいらず、軽量化と共に溶接部分の減少により工程や信頼性も向上した。

横梁には動力台車のDT50では主電動機、付随台車のTR235ではディスクブレーキ装置が装荷されるが、負担重量の違いから、DT50の肉厚は12mm、

TR235は9mmとなっている。

横梁のシームレスパイプは空気バネ補助空気室として使用している。空気バネは内部のエアだけではバネ定数が大きく硬いバネとなってしまい、空気バネの特性をうまく生かせない。そこで補助空気室を設け、空気バネ本体と絞り弁を介してエア導通させることで、容量が大きく柔らかい空気バネを実現しているのだ。

軸バネは金属バネをやめ円錐ゴム式軸バネを採用した。ゴムとすることで前後左右の剛性を柔らかくし、なおかつ振動を吸収することでスムーズな曲線通過を実現した。

車輪は軽量化と横圧軽減のため、国鉄で初めて一体圧延の波打車輪を採用した。波打車輪とは車軸が貫通するボス部と、踏面部との間の円盤部を円周方向に波打たせた形状の車輪だ。踏面形状には円弧踏面を採用。フランジは基本踏面の25mmに対して5mm高い30mmとして、踏面からフランジへの移り変わり部分の曲線がなだらかになっている。これにより横圧が軽減され、剛性の柔らかい円錐ゴム式軸バネと併せて、曲線における走行性能の向上が図られている。

ボルスタレス台車は界磁添加励磁制御の研究開始とほぼ同時期の1983（昭和58）年頃に研究が始まったばかりで、試作のTR911をクハ111-35、後にサロ110-1211に取り付けて現車試験を行った程度で、国内での採用例はまだそれほど多くなかった。昭和40年代に入って私鉄先行のイメージが強かった技術面において、界磁添加励磁制御と共に国鉄が先行し、この後、ボルスタレス台車は国鉄→JRで主流となり、軽量ステンレス構造と共に広

モハ204形の波形圧延車輪。車輪側面が波打った形状をしている。写真／高橋政士

く普及するきっかけとなった。

　しかし、ボルスタレス台車は軌道状態などの要素によって乗り心地などに影響を及ぼす場合があり、一部の民鉄ではいったんはボルスタレス台車を導入したものの、ボルスタ付き台車に戻った例もある。

クハ204-612のTR235Dを下から見たところ。空気バネの上に、写真のように車体が載る。写真／高橋政士　協力／JR東日本

TR235の車輪。車軸にはディスクブレーキが1枚だけ付く。写真／高橋政士

付随台車は踏面ブレーキと
ディスクブレーキを併用

　ブレーキ装置は、DT50は踏面ブレーキ、TR235は当時では珍しい踏面ブレーキとディスクブレーキを併用した構造だ。

　ディスクブレーキは高速域からのブレーキ性能が良く、車輪ロックによる滑走が少ないが、車軸にディスクが設けられるためバネ下重量が重くなる欠点がある。このためディスクブレーキを1枚としてバネ下重量の軽減を図り、軌道と乗り心地への悪影響を最小限に抑えた。

　付随台車は踏面が汚れやすく、踏面ブレーキが踏面清掃装置を兼ねる。ブレーキ比率はディスクブレーキ対踏面ブレーキが7対3と設定された。

界磁添加励磁制御
近郊形には利点が多い
界磁添加励磁制御

　界磁添加励磁制御の回路構成は、界磁チョッパ制御と似ているが大きく異なる点がある。界磁チョッパ制御は抵抗制御にチョッパ制御を組み合わせて直流複巻電動機を使用するが、界磁添加励磁制御は従来の直流直巻電動機を使用することである。

　せっかく201系の電機子チョッパ制御でカム軸制御器がなくなったのに、再び有接点付きの抵抗制御に先祖返りしたようだが、近郊形電車は駅間が長いため、速度0からの力行回数も少なく、力行時のみに抵抗制御を使うのは大きな損失ではなく、カム軸接触器なども最小限のものにできる。なおかつ、接点のある機器は長年に渡って普及してきた技術のため、新製コストは抑制できる。加えて力行回路からスムーズに電力回生ブレーキに移行でき、チョッパ制御車より電力回生ブレーキが使える範囲も広いという利点があり、新しい近郊形電車には界磁添加励磁制御が採用されることになった。

抵抗制御と弱め界磁で
速度をコントロール

　界磁添加励磁制御は、言葉の響きから大変難しい制御方式のように感じるが、構造的にはシンプルだ。

　抵抗制御車では力行時、速度0の場合は主回路に大きな抵抗を入れ、主電動機に過大な電流が流れるのを防ぎ、速度（主電動機回転数）が高くなるに従って抵抗を徐々に減らしてゆき、最終的に抵抗を全部抜いた状態となる。同時に組合せ制御も行い、主電動機の端子電圧を調整する。

　205系の場合、1〜2ノッチではMM'ユニットで8基ある主電動機を直列に接続し、3ノッチではM車ごとで直列接続となっている主電動機を並列に接続する。これにより端子電圧は8基直列の187.5Vから、4基直列2組並列の375Vとなり、主回路の抵抗をいったん大きくして、再び段階的に抵抗を減らすことで速度が上昇する。並列段で抵抗を全部抜いた状態だと、205系では速度が約40km/hとなる。

これ以上は抵抗制御ができないので、弱め界磁制御で速度を上昇させる。直流電動機では固定側の界磁コイルで発生した磁力線の中に回転側の電機子コイルを置き、電流を流すことで回転力が生まれる。同時に磁力線の中を電機子の導体が横切ることで、電動機を回転させる電流とは逆方向の電流が発生する。これを「逆起電力」と呼ぶ。

直流直巻電動機は界磁コイルと電機子コイルが直列となっているが、この時に界磁コイルに流れている電流だけを減少させると、電機子コイルの電流が相対的に増加し、回転数がさらに上昇する。これが弱め界磁制御で、界磁電流は誘導分路という回路に分流することで減少させる。

励磁装置で電流を調整 ノッチ戻しも可能に

205系の界磁添加励磁制御はここからが肝である。従来、誘導分路には抵抗器が挿入されていて、この抵抗値を変化させることで界磁電流を調節していたが、界磁添加励磁制御ではこの誘導分路に流れる電流とは逆方向に流れる電流を制御する励磁装置が設けられている。

①界磁接触器がONになった時点では、誘導分路に流れる電流が0となるように励磁装置から逆方向に電流を流す。

②励磁装置からの電流を徐々に減らしていくと、逆に主回路電流は誘導分路に流れ始めるため界磁が弱まり速度が上昇する。3ノッチまではカム接触器により抵抗制御であったが、3ノッチ以上は界磁添加励磁制御による弱め界磁連続制御となる。

③4、5ノッチも弱め界磁制御のため、ノッチ戻しが可能になっている。

④電力回生ブレーキでは主回路に流れる電流が逆方向になるため、励磁装置と誘導分路の電流の方向は同じとなる。ブレーキ初速の早い時はブレーキ（回生）電流が大きくなることから、励磁装置からの電流を小さくして回生電流を抑制。

⑤速度が低下するに従って励磁装置からの電流を多くしてやると、ブレーキ電流も増大する仕組みである。

45km/hほどまで速度が低下すると、それ以上ブレーキ電流は増加しなくなるため、力行時とは逆に並列から直列に切り換え、再びブレーキ電流を増大させる。

このように205系では約22km/hまで電力回生ブレーキが作用することとなり、簡単な主回路でありながら効率の良い電力回生ブレーキを使用できる。

電力回生ブレーキの使用で 主制御器が簡素に

このように誘導分路に対して励磁装置から電流を添加することから「界磁添加励磁制御」と呼ばれ

界磁添加励磁制御の主回路の模式図

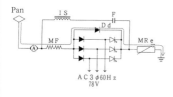

抵抗制御段での電流の流れ

抵抗制御段では電機子＋界磁コイルの電流はバイパスダイオードを通って流れる。

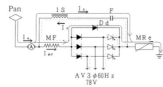

弱め界磁制御段での電流の流れ

界磁接触器Fが投入され、誘導分路が構成される。最初はIS=IFで誘導分路には電流が流れないが、IFを徐々に減少させることで誘導分路に電流が流れ始め、弱め界磁制御となる。

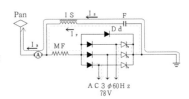

回生ブレーキ制御時の電流の流れ

回生ブレーキ時は添加励磁電流を界磁コイルに流して、主電動機からの電圧を発生させる。IFの電流によって回生ブレーキ力を調節する。

模式図記号説明　Pan: パンタグラフ　A: 電機子コイル(Armature)　MF: 界磁コイル(Main Field)　Dd: バイパスダイオード　IS: 誘導コイル(Inducted Shunt coil)
F: 界磁接触器　MRe: 主抵抗器　IA: 電機子電流(赤色)　IMF: 界磁電流　Is: 界磁分路電流(赤色)　IF: 界磁添加励磁電流(水色)　IB: ブレーキ電流(赤色)

る。この励磁装置の電源は電動発電機（MG）によって発電された三相交流を使用している。抵抗制御などの電車でもMG電源は制御回路の電源として使われるが、界磁添加励磁制御ではその重要性が一段と高まった。

電力回生ブレーキを使用することで、発電ブレーキ用の大容量の主抵抗器と、冷却用のブロワを廃止して騒音を抑制することができ、主制御器も簡素なものとなるため、制御機器一式で約20％もの軽量化を達成している。

これに加え、界磁添加励磁制御のもう一つの利点は、従来からの抵抗制御車を電力回生ブレーキ付きへの改造も可能なことである。国鉄での改造はなかったが、東武鉄道、営団地下鉄、名古屋鉄道、京阪電鉄、阪神電鉄などでは実際に界磁添加励磁制御に改造した車両が存在した。

主制御器

逆転器を抵抗カム軸と同一カム軸に設置

主制御器には、界磁添加励磁制御用としたCS57が採用されている。主幹制御器（マスコン）1〜3ノッチでは抵抗制御となるため、在来の抵抗制御車と同様にカム軸接触器と主抵抗器を用いて抵抗

値の調整を行う。

しかし、前述のように抵抗制御が終わる40km/h付近からは界磁添加励磁制御による弱め界磁制御を行うため、カム軸接触器の構造は在来車に比べて小型のものとなっている。

従来のものでは逆転器は別体で、電磁弁とエアによって動作させていたが、CS57では逆転器も抵抗カム軸と同一カム軸に設けられているのが特徴だ。同一といっても抵抗カム軸と逆転カム軸とに分かれ、それが同一線上に設置されている。

抵抗カム軸側には逆転カム駆動装置があり、力行の際、抵抗カム軸が正転している時はラチェット機構が空回りするため逆転カム軸は回転しない。停止状態で逆転指令を受けるとカム軸が逆回転を始める。逆転カム軸側にはラッチカムがあり、45度（1/8）回転する度に前進と後進が切り換わる構造で、逆転カム軸接触器が切り換わるとカムモータは正回転して元の位置に戻る。界磁添加励磁制御では力行時とブレーキ時の回路に違いがなく、力行→ブレーキは連続的に移行できるので、力行回路と回生ブレーキ回路を切り換える必要がないので、このような逆転器が用いられた。

前述のように3ノッチで抵抗制御が終了すると界磁添加励磁制御の連続制御となり、カム軸接触器は関係なくなるのでノッチ戻し制御が可能である。

CS57主制御器（説明用に蓋を外したもの）
①界磁接触器　②主電動機開放スイッチ　③逆転カム接触器
④逆転カム軸駆動装置　⑤抵抗カム接触器
⑥補助接点の下にあるカム軸を回転させる操作電動機。
写真／岸本 亨

① ② ③ ④ ⑤ ⑥

主電動機

低速から高速まで対応し
小型・軽量化も実現

　主電動機には、713系交流近郊形電車用に開発された小型軽量のMT61を採用。113系や165系、485系などに採用されたMT54と、103系・301系で採用されたMT55を統合したような性能を持つ。（表2）

　MT54はやや高速回転型で、近郊・急行・特急形用としては良好な性能を発揮する。対してMT55は103系用として発電ブレーキを効率よく使えるように設計された低速回転型で、主電動機直径が大きいため動力車の車輪径は通常のφ860ではなく、φ910を採用せざるを得なかった（103系の付随車はφ860）。重量も1トン近くあり、台車重量でも不利な状態であった。

　しかしMT61は、低速域はMT55に近い性能で低速トルクが大きい一方、高速域は弱め界磁をMT55と同じく35％まで使用することで、MT54を超えて201系用に開発されたMT60にほぼ匹敵する高回転を実現し、同時に広い範囲での回生ブレーキの使用を可能とした。

　また、絶縁種別をH種とし、温度特性も向上している。重量は約800kgとMT54とほぼ同じとなり、

MT55に対して約2割減の軽量化がされたほか、主電動機直径が小さくなったことから電動車の車輪径も付随車と同じφ860とすることができた。

電気指令ブレーキ

デジタルの電気信号で
空気ブレーキを作動

　ブレーキは「回生ブレーキ併用電気指令式空気ブレーキ方式（HRADブレーキ）」となった。国鉄では201・203系の「SELR空気ブレーキ装置（一般名HSC-R）」のように、独自にブレーキシステムに名称を付けていたが、205系からは一般的な呼称で呼ぶようになった。「HRAD」は「High Response Analogue Digital」の頭文字を取ったもので、正式には「回生ブレーキ併用デジタル指令アナログ変換式電磁直通空気ブレーキ」と長い名称になるため、単純に「電気指令ブレーキ」と呼ばれる。

　この長い名称の通り、デジタルの電気信号をアナログの空気圧に置き換えてブレーキ力を得るもので、私鉄ではこの方式によるワンハンドルマスコンなどが普及し始めていた。

　現在では当たり前の方式だが、国鉄では205系が初めての採用であった。国鉄で電気指令ブレーキの普及が遅くなった理由としては、ブレーキシス

国鉄 205系 通勤形電車

たゆまぬ技術開発で
制御方式が急速に進化

205系でも、MM'車5000番代で採用されたVVVFインバータ制御。現状では決定版ともいえるこの制御方式は、長年の技術開発の蓄積が大きい。写真／新井 泰

　201・203系電車の電機子チョッパ制御で主設計を担当した日立製作所は、この新しい近郊形電車の制御方式に界磁チョッパ制御を推していた。しかし、国鉄は新製コストの抑制が可能な界磁添加励磁制御を採用する意向で、それにいち早く応じたのが東洋電機であった。

　その後、東芝や三菱電機もそれに追従したが、日立はほかで進行中のプロジェクト（初めて交流回生ブ

レーキを実現した713系など）もあって乗り遅れ、205系では4社中最低のシェアとなってしまった。201系でカム軸制御器を廃したのに、それに逆行するような界磁添加励磁制御は受け入れにくかったのかもしれない。

　しかし、「次世代の電車はこれだ」と言われていた界磁添加励磁制御も、結果的に211・213・215系、251・253系、651系などJR初期に登場した車両に採用されたものの、その後

はVVVFインバータ制御が採用されたため、過渡的な制御方式といえる。

　そしてVVVFインバータ制御が急速に普及したのは、交流電気機関車の位相制御、チョッパ制御、界磁添加励磁制御など電力用半導体を使用した制御方式に、長年向き合って開発を続けたメーカーなどの努力の賜物である。

表2　主電動機諸元一覧

形式	MT54	MT55	MT60	MT61(直流)	MT61(脈流)
出力(1時間)	120	110(85%WF)	150(85%WF)	120	←
端子電圧	375	375	375	375	←
電流(界磁率)	360/315(100%)	360/330(85%)	445/390(85%)	360/315(100%)	360/315(90%)
回転速度 全界磁(1時間/連続)	1630/1700(100%)	1350/1440(85%)	1890/2000(85%)	1540/1630	1630/1750(90%)
回転速度 弱メ界磁(1時間/連続)	2630/2850(40%)	2350/2645(35%)	3110/3470(40%)	3080/3480(35%)	←
弱め界磁率	定格100%最弱40%	定格85%最弱35%	定格85%最弱40%	定格100%最弱35%	定格90%最弱35%
絶縁種別	電機子F種界磁H種	電機子F種界磁H種	F種	H種	←
重量	約800kg	約980kg	約835kg	約800kg	←
製造初年	1962(昭和37)年	1963(昭和38)年	1982(昭和57)年	1984(昭和59)年	←
使用車両	113・115・165・485・185系など	103・301・105系	201・203系	205・211・253系など	713・651系

表3　電車の歯数比

用途	電動車形式	小歯車	大歯車	歯数比	主電動機
通勤形	101系	15	84	5.6	MT46
通勤形	103系	15	91	6.07	MT55
近郊形	113系115系117系415系	17	82	4.82	MT54
近郊形	711系	17	82	4.82	MT54A
急行形	165系457系	19	80	4.21	MT54B
特急形	181系183系485系583系	22	77	3.05	MT54D
新特急形	185系	17	82	4.82	MT54D
通勤形	201系	15	84	5.6	MT60
通勤形	203系	14	85	6.07	MT60
通勤形	205系	14	85	6.07	MT61
近郊形	211系	16	83	5.19	MT61

MT61主電動機(説明用に蓋を外したもの)。
写真／岸本 亨

中空軸平行カルダン方式で、DT50に架装された
MT61。写真はクモハ211形のもの。写真／高橋政士

テムの標準化と共に、異常時に他車と連結して救援を行う必要性が考慮されていたためだ。しかし、従来の空気指令式では装置が複雑で調整にも手間が掛かりメンテナンスコストも上昇するため、保守費用の低減を可能とする電気指令ブレーキを国鉄でも採用するに至った。

ブレーキハンドルは取り外し不要に

ブレーキは、空気指令は行わず電気指令となり、運転台にはブレーキ弁ではなくブレーキ設定器(空気配管がないため、ブレーキ設定器と呼ぶ)が設けられた。電気指令式としたことで空気配管を運転台まで設置する必要がなくなり、工程が簡略化された。ブレーキ設定器の電気接点はカサ歯車を介してハンドルの右側にあり、従来のブレーキ弁のようにハンドル直下に大きな空気弁を設置する必要がなくなった。

マスコンハンドルは201系から採用された横軸式(MC65)で、運転席足下が広くなった。また、ブレーキハンドルは従来の取り外し式から固定となったのも特徴で、運転士はブレーキハンドルを持ち歩く必要がなくなった。マスコンキーによってマスコンハンドル、ブレーキハンドルの両方のハンドルを鎖錠(ロック)できる。

運輸省の特認で手ブレーキを省略

ブレーキの種類は、電気指令される常用ブレーキと非常ブレーキに加え、直通予備ブレーキ(保安ブレーキ)の3種類となり、手ブレーキは省略された。手ブレーキは留置中の転動防止に使用されるほかに、非常時のバックアップ用の意味もあり、国鉄では規定により手ブレーキの設置が定められていた。

しかし、編成が長くなるとバックアップの意味は

国鉄 205系 通勤形電車

運転台機器配置図

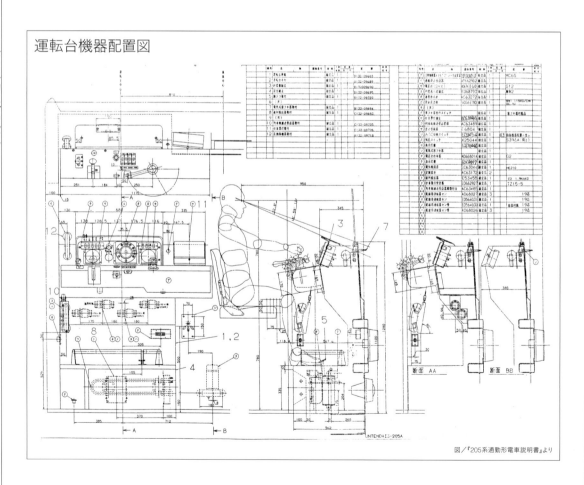

図／『205系通勤形電車説明書』より

なくなり、直通予備ブレーキを装備することで運輸省（現・国土交通省）の特認を得て省略された。手ブレーキが省略されたのも国鉄では205系が初めてだ。

　車両間に引き通される空気管については、従来は元空気ダメ引通管（MRP）、ブレーキ管（BP）、直通ブレーキ管（SAP）の3本があったが、MRPのみとなった。BPは列車分離の際に自動的にブレーキを作用させるために必要だが、列車分離などの異常事態に対しては、編成全体に引き通され常時加圧された非常ブレーキ指令線が無加圧状態になると、各車に設置された非常電磁弁（EBV）が消磁し、供給空気ダメ（SR）のエアを使って非常ブレーキを作用させて対応する。

　このほかブレーキ不足検知回路があり、ATCから常用ブレーキ指令が出た際に、一定時間以内に所定のブレーキシリンダ（BC）圧力に達しない車両があった場合にも非常ブレーキが作用する。また、コンプレッサからのエアを溜める元空気ダメ（MR）圧力が低下した場合は、自動的に直通予備ブレーキが作用する。このようにブレーキ設定器以外から非常ブレーキが作用した場合はその状態が保持されるので、解除にはブレーキ設定器をいったん非常位置に置いてリセットする必要がある。

　なお、直通予備ブレーキ（保安ブレーキ）は、本来使用される空気ブレーキ系統が、踏切事故などによって配管などが破断し、使用不能になった際に使用するもので、運転台にある引きスイッチを操作することによって、各車両に設けられたS抑圧装置の電磁弁を励磁させ、直通予備空気ダメのエアで非常ブレーキを作用させるものだ。

　通常のブレーキ装置からブレーキシリンダへ向かう配管の途中に複式逆止め弁があり、通常のブレーキとは独立して車両ごとに非常ブレーキを作用させることができる。

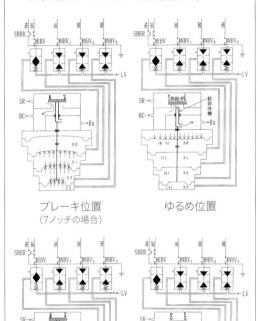

多段式中継弁の作用図

図の上部に4つ並ぶのが供給弁。その下にあるのが多段式の中継弁で、4室に分かれている。エアが入る膜板室の組み合わせによって、ブレーキシリンダへの圧力を調節する。

ブレーキ位置
（7ノッチの場合）

ゆるめ位置

非常ブレーキ
位置

重なり位置
（7ノッチの場合）

励磁と消磁

　電磁弁は電磁コイルで発生する電磁石の作用によって弁を開閉して、空気通路の開閉を行う。電磁コイルに電流を流して動作させることを「励磁」、電磁コイルの電流を断つことを「消磁」と呼ぶ。

　励磁した時に空気通路を開いてエアを導通させる電磁弁を「オン電磁弁」または「進め電磁弁」と呼び、消磁した時に空気通路を開いてエアを導通させる電磁弁を「オフ電磁弁」または「戻し電磁弁」と呼ぶ。

　電気指令式ブレーキで常用ブレーキを作用させる常用ブレーキ電磁弁（NBV）にはオン電磁弁が使用され、非常ブレーキ用には非常ブレーキ指令線が無加圧状態となった時に、すみやかに非常ブレーキを作用させるためにオフ電磁弁が使用されている。

　なお、電磁弁形式番号はオン電磁弁が偶数、オフ電磁弁が奇数の番号となる。

運転台選択スイッチで
非常ブレーキの回路に

　ブレーキ設定器は運転台背面の運転台選択スイッチで「前」位置を選択した時のみに使用可能となる。運転台選択スイッチには「前」「中」「後」の3個の位置があり、中間に連結された場合には「中」位置、最後部となった場合には「後」位置に切り換える。

　こうすることで前部の運転台選択スイッチから後部運転台の運転台選択スイッチを往復した非常ブレーキ指令線の回路が構成され、ブレーキ設定器が使用可能となる。また、列車分離などの異常事態では、前述のようにこの回路が無加圧状態となることで非常ブレーキが作用する。

　ブレーキ設定器は、常用ブレーキ1〜8ノッチと非常ブレーキの9カ所の位置があり、各車へ電気信号としてブレーキ指令が伝達される。常用ブレーキ

運転台背面に設置された運転台選択スイッチ。先頭部は「前」、中間に連結されるときは「中」、最後部では「後」を選択する。
写真／編集部　協力／JR東日本

指令線は3本となり、そのON・OFFの組み合わせによって1〜7ノッチを制御、さらに非常ブレーキ指令線を使用することで8ノッチまで制御している。

　付随車では電気指令ブレーキ車特有の多段式中継弁がある。これは最上部に供給弁があり、その下にゴム製の幕板室を4段積み重ねた中継弁で、最上部からSE室、S1室、S2室、S3室となっていて、それぞれの膜板室の受圧面積が8.5：7：6：4となっている（25ページ図）。この膜板室の比率から「E8.5764中継弁」とも呼ばれる。

　この膜板室には、SE室にはEBV（非常ブレーキ電磁弁）、S1室にはNBV1（常用ブレーキ電磁弁）、S2室にはNBV2、S3室にはNBV3電磁弁からエアの供給を受け、NBV1〜NBV3は励磁することで多段式中継弁にエアを送り、EBVは消磁することでエアを多段式中継弁へ送る。

　この電磁弁はE8.5764中継弁と一体で組み立てられている。膜板室に入るエアの圧力は同じだが、受圧面積が異なるため、膜板室を選択することで供給弁を押し上げる力が異なり、ブレーキシリンダ（BC）圧力を調節する。供給弁を押し上げる力である出力単位は表4に示す。

　各電磁弁に供給されるエアは応荷重弁からの出力なので、空車の時は圧力が低く、乗車人員によって車両が重くなれば高い圧力となって強いブレーキが作用する。なお、応荷重弁は前後台車の空気バネ圧力から車両重量を検知している。ブレーキ8ノッチは3個の常用ブレーキ電磁弁（NBV）のほ

表4　ブレーキノッチ別多段式中継弁の出力

ブレーキ設定器/ノッチ	常用ブレーキ電磁弁/NBV1	常用ブレーキ電磁弁/NBV2	常用ブレーキ電磁弁/NBV3	非常ブレーキ電磁弁/EBV	膜板室	出力単位	
ユルメ				●			0
常用ブレーキ1	● ON	○ OFF	○	●	S1	(7-6)	1
常用ブレーキ2	○	●	○	●	S2	(6-4)	2
常用ブレーキ3	●	●	○	●	S1+S2	(7-6)+(6-4)	3
常用ブレーキ4	○	○	●	●	S3	4	4
常用ブレーキ5	●	○	●	●	S1+S3	(7-6)+4	5
常用ブレーキ6	○	●	●	●	S2+S3	(6-4)+4	6
常用ブレーキ7	●	●	●	●	S1+S2+S3	(7-6)+(6-4)+4	7
常用ブレーキ8	●	●	●	○	SE	8.5	8.5
非常ブレーキ	○	○	○	○	SE	8.5	8.5

か、常用最大ブレーキ継電器が作動し、非常ブレーキ電磁弁（EBV）を消磁することでSE室へエアを送り、非常ブレーキと同等のブレーキ力を作用させている。

各部の信号から
最適なブレーキ量を演算

　電動車の場合は回生ブレーキがあるので仕組みが異なり複雑だ。モハ205形にはブレーキ受量器が設けられ、運転台のブレーキ設定器からの指令信号と、応荷重弁からの空気圧力信号を圧力検出装置で電気信号に変換したものを、ブレーキパターン発生部で受けて最適なブレーキ量を演算し、さらに回生ブレーキパターンを演算して励磁装置に指令を出して回生ブレーキを作用させる。

　回生ブレーキが作用すると回生ブレーキフィードバック信号が電空演算部へ入力され、適正ブレーキ力と回生ブレーキ力を演算して、回生ブレーキだけでは不足するブレーキ力の信号を出力調整部から電空変換弁に出力する。電空変換弁は電磁石を利用したもので、出力調整部からの電気信号の強弱をエア圧力に変換し、中継弁を動作させて不足分のブレーキ力を空気ブレーキで補っている。

　モハ204形にはブレーキ受量器はなく、モハ205形のブレーキ受量器からの電気指令を受けてブレーキを作用させる。このような構造のため、電動車では付随車にあるような多段式中継弁を使用していない。

　各車のブレーキ装置の形式は、モハ205形用でブレーキ受量器があるC49ブレーキ制御装置、モハ204形用でブレーキ受量器がないC50ブレーキ制御装置、クハ205形・サハ205形用では多段式

中継弁を持つC51ブレーキ制御装置となる。

救援ブレーキ
通常のブレーキとは別途
救援ブレーキ装置を用意

　電気指令ブレーキでは空気配管のブレーキ管（BP）の引き通しがなく、ブレーキ指令線があるのみなので、電磁直通ブレーキ車などとは連結できても貫通ブレーキが制御できない。このため故障時の救援用として救援ブレーキ装置が205系には設けられている。

　205系で在来車を救援する（される）時は、在来車との連結側の運転台にある救援スイッチを扱う。在来車側のBP圧力が所定であれば205系側の非常ブレーキも緩解され、救援運転が可能となる。205系側で非常ブレーキを扱うと救援非常電磁弁が消磁し、在来車のBPを減圧して非常ブレーキを作用させる。

　逆に在来車から非常ブレーキが扱われると205系側の圧力スイッチがそれを検出し、非常ブレーキ指令線をOFFにすると205系側の非常ブレーキを作用できる。

　205系の空気引通管は元空気ダメ引通管（MRP）しかなく、本来なら密着連結器のエアカプラは下側のMRPしか必要ない。しかし、この救援ブレーキのために、先頭車の密着連結器上部にBPのエアカプラが設けられている。

連結器
初期車に見られた
直通ブレーキ管の穴

　従来通りの密着連結器が使用され、先頭車の密着連結器上部にブレーキ管（BP）のエアカプラがある。BPの両側にある直通ブレーキ管（SAP）は、205系の電気指令式ブレーキでは必要ないが、新製開始直後は共通の連結器体を使っていたので、SAPのカプラを取り付ける穴が開いたままとなっていた。しかし、製造が進むとSAPは完全に不要なも

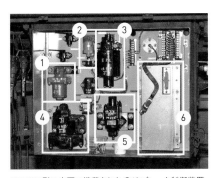

モハ205形の床下に搭載されたC49ブレーキ制御装置。1 B7圧力調整弁　2 圧力スイッチ（ブレーキシリンダ圧力の監視）　3 電空変換弁　4 J中継弁　5 VD応荷重弁　6 ブレーキ受量器　写真／高橋政士

のとなり、SAPの穴がなくなってほんの少しだが表情が変化した。

　このSAP部分に穴のある密着連結器は、E231系やE531系などの新系列車両の初期型にも見られ、電磁直通ブレーキ車と救援運転を行う可能性がある場合には設けられていたようだ。

　中間車で密着連結器を使用している箇所はBPが

205系中間車の密着連結器。クハの先頭部と異なりブレーキ管のエアカプラがなく、下に1穴のみある。写真／髙橋政士

ない密着連結器で、MM'ユニット間では4本のボルトで固定する半永久連結式の棒状連結器が使用されている。棒状連結器は空気管を併設していないので、これを使用している連結面ではMRPは空気ホースによって連結されている。

まとめ

　執筆にあたり205系を改めて調べると、界磁添加励磁制御という新しい制御方式、電気指令ブレーキ、ボルスタレス台車、軽量ステンレス構造の車体、量産車で採用された一段下降窓など、お堅いイメージの国鉄型電車ではかなり攻めた内容であることが見えてきて、非常に興味深かった。そして、この後のJRの電車設計にも大きな足跡を残した電車といえる。

右の52編成は上部にBPとSAPの3穴が並ぶ初期タイプの密着連結器。左の42編成はBPの1穴のみ。左は6扉車を連結した編成で、ヘッドマークを掲げている。神田　写真／長谷川智紀

国鉄205系通勤形電車

第 2 章

新製投入路線と仕様

国鉄時代に新製投入された
路線は、山手線と京阪神地
区の東海道・山陽緩行線の
みだったが、JR化後も増備
が継続され、特にJR東日
本では首都圏の主要路線に
次々と投入した。JR東日本
の新造車は相模線を除いて
すべて0番代だが、投入に
際して改良が加えられ、細か
な違いが現れた。さらに103
系では基本色のみだったが、
205系では新たな帯色が採
用され、現在の後継車でも
引き継がれている。

線区別 205系の 新製車

205系は山手線を皮切りに首都圏と近畿圏に投入されて
いった。いずれもほぼ路線単位の集中投入となったため、実
質的に路線ごとに改良も加えられた。本稿では、路線ごとに
従来車からの変更点を中心に解説する。

文 ● 高橋政士

東京駅に入線する山手線のクハ204-20以下10両編成。東京　1985年10月19日　写真／大那庸之助

国鉄 205系 通勤形電車

国鉄時代
山手線用量産先行車

1985（昭和60）年3月ダイヤ改正
において、横浜線と武蔵野線の増発
用に103系が必要となった。これに
は山手線に新形式車両を投入し、捻
出した103系を充当することとなり、
急きょ205系の投入が決定、短期間
で4編成40両を量産することになっ
た。205系登場時にはモハ204・205
形のMM'ユニットと偶数向き制御車

のクハ204形、奇数向き制御車のク
ハ205形、中間付随車のサハ205形
の4形式が起こされた。

量産先行車の外観上の特徴であった、下段上
昇上段下降式の二段窓。2004年12月13日
写真／高橋誠一

主回路や高圧補助回路の機器は
MM'ユニットに搭載され、主電動機
冷却風取入口が103系のように戸袋
上部に設けられている。先頭車は山
手線用となることからATC機器を搭
載したが、103系のように床上設置
ではなく、床下設置としたことから
客室面積が広くなり、運転室仕切窓
も3枚設けられた。運転台前面窓の
窓拭き器（ワイパ）はそれまでの空気
式に代わって、大型バス用のものを
改良した電動式となり、運転席前面
と中央部分にあるワイパが連動して

205系量産先行車(クハ205-4)の室内。扇風機にラインデリアを採用し、天井もすっきりとした。
山手電車区　1994年6月22日　写真／新井 泰

作動する。故障などの際は運転席前面のみを手動で動かすことも可能だ。サハ205形はモハ204・205形と同様の構造をしているが、戸袋部分に主電動機冷却風取入口がなく、主要機器はMM′ユニットに搭載されているため床下機器は最小限のもののみが取り付けられている。付随車の記号「サ」は、床下機器が少なくさっぱりしているから「サ」という俗説があるが、それを地で行くような外観である。

側窓は201系前期量産車と同じく下段上昇上段下降式の二段窓となっている。冷房装置は共通設計となったステンレスキセのAU75Gを採用。客室内は平天井で、冷房吹出口はラインフロー、扇風機はオルピット(首振り)型ではなく横流ファン(ラインデリア)とした。座席は201系と同じロームブラウン(こげ茶)のモケットで、7人掛けの中央部分はヘーゼルナッツ(薄茶色)である。袖仕切り形状も201系と同様だ。戸袋窓は廃止され、その部分には増収対策として広告枠が設置された。客用扉は混雑時の破損対策として窓が小型のもので、戸閉め機械は伝統的ともいえるTK4Jを採用した。以上のほとんどは

201系と同様で、これらを共通設計とすることが205系を短期間で完成させることができた要因と推測される。

山手線用量産車

1985(昭和60)年10月の新宿〜大宮間の通勤新線(埼京線)の開業に際し、山手線に205系を大量投入し、103系を捻出して車両をまかなうこととなった。この時投入された205系は300両にも及ぶ。

この時に外観的に大きな設計変更が加えられた。量産先行車の4編成は201系と同じ二段窓のユニットサッシを採用していたが、このグループからはバランサー付きの一段下降窓となったことが特徴だ。これは国鉄幹部が製造中の205系を視察した際に、たまたま同時進行で製造が進められていた横浜市交通局2000系の一段下降窓を実見し、すぐに採用が決定されたという逸話がある。

窓ガラスが1枚となり、サッシ部分が減少したことから側窓寸法が大きくなったように見えるが、開口部の寸法はユニットサッシとほぼ同じとなっている。これにより先に製造された40両の量産先行車に対して大き

く外観が変わり、205系の完成形ともいえるスタイルが確立した。

国鉄では157系で下降窓を採用し、その後も急行形電車と気動車のグリーン車で下降窓を採用したが、普通鋼製のため側板の腐食が問題となっていた。205系はオールステンレス車体のため腐食の心配がなく下降窓を採用できた。しかし、窓を開けた際に、客室内に雨水が滲入するのを防ぐため、窓を格納するスペースを設けるが、この部分には必然的に雨水が入り込むことになる。整備サイドからは水抜き穴が詰まって雨水が滞留することを懸念する声が上がったが、排水口の直径を大きくすることで解決した。

205系の床下に設けられた
側窓の排水口。
写真／高橋政士　協力／JR東日本

同時に座席下に設置されている戸閉め機械と窓格納部分が干渉するため、戸閉め機械の設置や開閉テコなどが急きょ設計変更された。量産先行車では201系と同じTK4Jを採用し、開閉テコ先端に開閉棒を取り付けて窓下に設置していたが、クハとサハではこれを戸袋部分に設置して開閉テコで側扉を直接開閉するTK4Kとなった(33ページコラム参照)。

モハは戸袋部分が主電動機冷却風の風道でもあるため、戸閉め機械に短いテコを取り付け、そこから開閉棒で戸袋(主電動機冷却風道)内にある開閉テコを動かすように変更。開閉棒が風道の壁を貫通する箇所には風止めを設けて隙間風を防いでいる。なお、扉上部への戸閉め機械の設置

量産先行車のクハ204-2(上)と側窓が変更された量産車のクハ204-8(下)。
東京　1985年10月19日　写真／大那庸之助(2点とも)

した円筒形状の回転体があり、その裏側に電磁石を置いたもので、電磁石の極性を切り換えることで回転体を回転させる。回転体の半分は蛍光色で、この組み合わせによって数字を表示する。しかし、操作は簡単になったものの、汚れなどで視認性が悪くなり、色を変えるなどの試験も行ったようだが、高輝度LEDの表示器が実用化されると順次交換されて姿を消した。

ブレーキ装置はモハ205形のブレーキ受量器が変更されたことから、モハ205形がC49A、モハ204形がC50A、付随車用がC51Aとサフィックスが付いた。

台車はクハ204・205形32号車、モハ204・205形96号車、サハ205形64号車から台車がDT50D・TR235Dに変更された(DT50系台車のサフィックスはAが203系100番代用、Bは211系用、Cは415系1500番代用)。変更点は軸受を211系のDT50B・TR235Bと同様のものにしたほか、軸バネの固定方法が変更された。外観から分かる識別点は軸受蓋のボルトが4本から3本になっているのと、軸バネ上部の台車枠にある補強の形状が変化している。

また、このグループから袖仕切りのステンレスの縁取り形状が変更された。

なお、国鉄時代の山手線に投入された205系のラストナンバーはクハが34号車、モハが102号車、サハが68号車である。

も考慮されたが、コスト面もあって採用されなかった。設計変更の時間も足りなかったと思われる。

この量産車から、先頭車の電車列車運行番号表示器がまったく新しいものに変更された。環状運転を行う山手線では途中で運行番号を変更す

ることが多く、幕式では扱いに時間がかかる欠点があった。現在はLED表示器が採用されているが、当時はLEDでは日中の視認が難しいとされ採用には至らず、マグサイン表示器が採用された。

これは表示部分に永久磁石を内蔵

幕式だった量産先行車の電車列車運行番号表示器(クハ205-4)。
1987年1月10日　写真／大那庸之助

量産車ではマグサイン表示器を採用。蛍光色の黄文字が斬新だった(クハ204-11)。
1985年10月19日　写真／大那庸之助

撮影者のメモによると、クハ204-6のマグサイン表示器は文字色が白色だった。
1985年10月19日　写真／大那庸之助

京阪神緩行線の205系（クハ205-38）と201系（クハ201-142）。スカイブルーの色調が鮮やかになった。大阪　1986年11月9日　写真／大那庸之助

京阪神緩行用量産車

　山手線に続いて、201系が投入されていた東海道・山陽本線緩行線にも205系が投入されることとなり、山手線の続番で製造された。同線は7両編成で、山手線の6M4Tに対して、編成中央にサハ205形を配した4M3Tとなり、4編成28両が投入された。

　ATCは搭載されていないため、クハの床下機器配置が異なるほか、運転台もATC関連の機器がないため運転室仕切の厚みを減らして客室部分を拡大。仕切窓もやや大きめのものとなった。

　ラインカラーの帯色は、本来103・201系の車体色である青22号だが、ステンレス車体ではくすんで見えると指摘があり、彩度の高い青24号となった。

戸閉め機械

　500番代を除く205系に採用された戸閉め機械は基本的にTK4である。TK4は旧型国電時代から使われている伝統的な戸閉め機械だが、101系、キハ35系などでは両開き用に開発されたTK6、115系では両開きの半自動扉機能があるTK8が採用された。一方、401系や111系の近郊形電車ではTK4が用いられ、ST式戸閉機構を採用して両開き扉を実現、103系でもTK4Dが採用された。なお、新性能電車に採用されるTK4は改良品で、空気配管などを一体として鋳造、配管の取り回しが少なく、漏気などによるトラブルが少ない。

　TK4の基本構造は大径シリンダと小径シリンダが向き合い、中間にラックがあってピニオンが噛み合わせられ、そのピニオンには開閉テコが接続されている。両方のシリンダに同じ圧力のエアが入ると、受圧面積の大きい大径シリンダの力が勝り、小径シリンダを押し込んだ状態となる。これが扉の閉まった状態だ。

　大径シリンダにはオン電磁弁のVM14電磁弁を経由してエアを供給し、電磁弁が消磁すると大径シリンダを排気して扉が開く。しかし、この方法だと何らかの原因によって大径シリンダのエアが抜けた時に扉が開いてしまう恐れがあるため、201系から戸閉め機械の設置方向を逆向きとして、電磁弁もオフ電磁弁のVM13を使用。電磁弁が消磁した時に大径シリンダのエアが抜け、この状態が扉が閉まった状態となるようにフェイルセーフの設計に変更になった。内部のパッキンなどが異なるためTK4Jとサフィックスが変更されている。

　103系などでは扉が開く時に「プシュー」と大径シリンダの排気音が聞こえたが、201・203・205系では扉が閉まる際に排気音がするのはこのためだ。

座席下に設置された205系量産車のTK4K 戸閉め機械。写真／松本正司

国鉄分割民営化後

　東海道・山陽本線緩行線用の205系28両をもって国鉄での205系の新製投入は終了。山手線用の340両と合わせて368両がそれぞれJR西日本とJR東日本に承継されたが、置き換え対象の101・103系が大量に存在していたことから、JR化後も新製が継続されている。

JR東日本 山手線用量産車

　1987(昭和62)年4月のJR東日本発足後、早速山手線用に205系の増備が始まり、翌年にかけて10両×20編成、200両が製造された。この時点で先頭車のラストナンバーは東海道・山陽本線緩行線用の38号車であったが、山手線用の205系は先頭車の製造番号を3倍すると、編成中のMM'ユニットの末尾番号、2倍すればサハ205形の末尾番号となることから、管理上便利なようにクハ204・205形は39・40、モハ204・205形は111〜120、サハ205形は73〜80が欠番となり、この増備車はクハが41号車、モハが121号車、サハは81号車から付番されている。

　増備途中の先頭車が49号車以降の編成からは設計変更が行われ、中央ユニットのMGが省略され編成中に2基となった。元々205系に採用されたブラシレスMGのDM106電動発電機は5両分の給電能力があるため、コストダウンのために中間ユニットのMGを非搭載としたもので、給電区分を5両ずつの半分に分けている。

　また、一方のMGが故障した時に備えてMGのない中間ユニットのモハ204形に電源誘導装置を搭載し、故障時に延長給電を行えるようにした。この時、励磁装置も動作を停止するが、3ノッチまでの抵抗制御と空気ブレーキは作用するので、最低限の運転は継続可能とした。なお、従来のMGを3基搭載した編成からは、中央ユニットのMGが取り外され、新製車に再利用された。

　延長給電時は冷房装置などのサービス電源は半減される。また、励磁装置の整流器が全波整流から半波整流に変更された。これにより電力用ダイオードの個数が削減され、コストも下げた。同時にブレーキ装置も応荷重弁が従来のF応荷重弁に代わって、VD応荷重弁が採用されたため、モハ205形がC49B、モハ204形がC50B、付随車用がC51Bとサフィックスが変更された。

JR発足後に増備された編成は、外観に大きな変更はないが、クハが49号車以降は編成内のMGの搭載数が変更された(クハ205-55以下10両編成)。有楽町　1988年7月9日　写真／大那庸之助

JR東日本
横浜線

　1988（昭和63）年から翌年にかけて103系置き換え用として、7両編成25本、計175両が投入され、山手線に続く投入線区となった。東神奈川から京浜東北・根岸線へ直通運転を行うことから、保安装置は横浜線のATS−Bと、ATCの両方を搭載し、乗務員室扉脇の保安装置の標記が「BC」となった。

　外観の特徴として、客用扉の窓寸法が上下方向に拡大されたことと、前面の2位（運転台部分）上部に種別表示器が設置された。横浜線は、103系投入時に蒲田電車区の青22号の車両だったため、誤乗防止のため先頭車に大型表示板を掲出しており、車体色が黄緑6号に変更された後も引き続き使用されていた。

　205系投入時はそれを引き継ぐと共に、快速運転が開始されたため種別表示器が導入され、各駅停車は黒無地（後に「横浜線」と表示）、快速は赤地に白文字で「快速」と表示された。行先表示器は当初は黒地に白文字だったが、後にラインカラーに合わせて黄緑地に黒文字の幕に変更された。

　運行番号表示器はマグサイン式ではなく、幕式に戻された。ラインカラーの帯色は幕板部分が103系を踏襲した黄緑6号、腰板部分は黄緑6号と緑15号を組み合わせ、205系で初めての2色帯となった。

　なお、1993（平成5）年に京浜東北線から転属してきた6両を7両編成にするため、後述の205系500番代の製造終了から2年近く経った同93年2月にサハ205形232号車を1両新製した。これが6扉車サハ204形以外の一般型205系では最後の新製車となった。

JR西日本
阪和線

　JR西日本が新製した唯一の205系で、1988（昭和63）年に阪和線用として4両編成5本、20両が投入された。所有者が異なり仕様も変更されたため1000番代と新しく区分された。

　基本構造は0番代と同等だが、前面デザインは変更され、1位の助士席側の窓を上下左右に拡大。国鉄時代に投入されたオリジナル車とは逆で、運転席側の窓が縦長となった。同時に運転室仕切の窓も拡大され前面展望が良くなった。

　このほか、主電動機冷却風を主電動機から直接吸い込むように簡略化、電動車の戸袋部分にあった風道がな

横浜線に投入された205系（クハ204-67以下7両編成）。種別表示器が「快速」表示の写真は113ページに掲載。東神奈川　1989年9月2日　写真／大那庸之助

阪和線に投入された1000番代。助士側の前面窓が拡大されたのが外観では最大の変更点。
写真はスカート装着後。日根野電車区　写真／新井 泰

前面窓の拡大に伴い、運転室仕切りの窓も拡大され、客室からの眺望がよくなった。
日根野電車区　写真／新井 泰

南武線の205系のうち、最初に投入されたグループのクハ204-86。
3色の帯を初めて採用した。尻手　2014年1月5日　写真／中村 忠

くなり吸気口も廃止されている。このほか213系と同じ車外スピーカが設置されている。

　室内も座席を従来のものに対して1人分を10mm拡大した440mmとして、限られた寸法を最大限利用してサービスアップに努めた。室内灯も当時製造が進められていた221系と同様のものとしている。

　台車は最高速度110km/h対応とするため、制輪子などを変更したWDT50G・WTR235Gとし、同時にヨーダンパを設置可能なように取付座を設けている。補助電源装置はブラシレスMGから、WSC23静止型インバータ（SIV）に変更された。

機器面では、モハ204形が搭載する補助電源装置が静止型インバータに変更された。
日根野電車区　写真／新井 泰

JR東日本
南武線

　横浜線に続いて205系が投入されたのは南武線となった。1989（平成元）年から翌年にかけて、6両編成16本、計96両が投入された。

　4M2T編成となったためサハ205形は組み込まれていない。保安装置はATS-BとATS-Sで、JR東日本としては初めてATCを持たず、ATS-Sを持った205系となった。このため東海道・山陽本線緩行線用に投入された205系と同じ設計で、運転台仕切の窓が大型化され客室部分の寸法も拡大されている。客用扉の窓寸法は横浜線と同じく拡大したものとされている。

国鉄 205系 通勤形電車

保安機器はすでにATS─Pの導入が決定されていたため当初は準備工事とされ、1990（平成2）年製からは実装して新製されている。

ラインカラーは、幕板部分が黄5号より鮮やかな黄1号、腰板部分は黄1号に加え、湘南色の黄かん色の彩度を上げた黄かん2号の下にブドウ色2号の細帯が入った3色になった。

後に山手線からの転属車に加え、中間車に209系と同様の運転台を取付改造したものも加わっている。

JR東日本
埼京線

南武線とほぼ同時進行で1989（平成元）年から翌年にかけて、10両編成25本、250両が投入された。山手線と同じ6M4T編成となったが、7両の横浜線、6両の南武線でMM'ユニットとサハ205形の番号がそろわなくなっていたが、欠番を作らずに続番で製造された。帯色は緑15号で横浜線用の濃い緑色と同じだ。

保安装置は埼京線用のATCと、川越線用のATS─Sとなり、乗務員室扉

脇の保安装置の標記が「SC」となった。主電動機は冷却ファンの構造を従来の外扇型から低騒音型の内扇型に変更、主抵抗器箱も小型化され3個となった。埼京線用の第1編成となるモハ204・205形237号車、クハ204・205形の89号車、サハ205形の146号車からは、ブレーキ装置は応荷重弁が改良型のVDA応荷重弁となり、ブレーキ受量器もさらに改良されたが、ブレーキ装置のサフィックスの変更はない。

埼京線向けから、編成の状態を運転台で把握できるモニタ装置が設けられた。このモニタ装置は先頭車に親機となる設定器を、運転台に機器表示盤を設置。各車両に設けられた圧力センサや、各機器の動作状態をモニタ装置用の信号に変換する変換器によって構成される。機器表示盤には車号と編成区分表示、戸閉め表示、冷房要求、非常警報、MG出力、過電流・過電圧継電器、故障検出継電器、架線停電などの動作情報が表示される。車号表示は16号車まで表示可能である。このほか快速と通勤快速の運転に伴い、停車駅通過防止

装置も導入されている。

後に山手線からサハ204形が転入し、編成の組み替えが行われた。

JR東日本
中央・総武緩行線

1989（平成元）年に10両編成2本、20両が投入された。しかし、これは東中野追突事故の影響による車両不足を補うためで、本来埼京線用に新製されたものを転用したものだ。先頭車は95と97号車となる。中央・総武緩行線の保安装置としてATS-Bを装備、ATCは準備工事とされていたため、運転台仕切はATC車仕様である。翌90年には事故編成の1本が運用に復帰し、先頭車が97号車の編成は本来の埼京線へ転出した。

ラインカラーは黄5号だが、ステンレス車体であることから彩度の高い黄1号となった。また、当時は営団地下鉄東西線直通用の103系1200番代と301系の帯色が黄5号であったため、誤乗防止として幕板の帯部分に「総武・中央線各駅停車」のステッカーが貼り付けられた

埼京線の205系のうち、最初に投入されたグループのクハ204-91。写真は排障器追加後で、2号車にはサハ204形を連結している。日進　2010年7月15日　写真／高橋誠一

埼京線用から600番代に改造されたY12編成にはモニタ装置の機器表示盤が残る。表示の枠は16号車まで用意されている。
写真／編集部　協力／JR東日本

中央・総武緩行線を走る、京浜東北線からの転入車のクハ204-105以下10両編成。市川　写真／長谷川智紀

しばらく黄色帯の205系は1本のみの存在で、その後京浜東北線からの転入により編成を増やしたが、209系500番代、E231系の増備により2001（平成13）年までにすべて他区へ転出した。

JR東日本
京浜東北・根岸線

　1989（平成元）年と翌年に10両編成6本、計60両が投入された。保安装置はATCのみで埼京線仕様からATS-Sを省略したものだ。

　ラインカラーは東海道・山陽本線緩行線用に投入されたものと同じ青24号となり、関東でも青帯の205系の登場となった。

　しかし、209系0番代の投入により、103系より早く1996（平成8）年には中央・総武緩行線と横浜線に転出。JR東日本で最も早く205系が姿を消した路線となった。

新系列電車の209系がいち早く投入された京浜東北線では、103系、205系、209系の3世代が共存した。浦和電車区　写真／新井 泰

京葉線に投入された第1編成のクハ204-108以下10両編成。前面の黒色部分は下辺が弧を描き、前面窓は上に湾曲した曲面ガラスを採用。前面がソフトなイメージになった。 京葉電車区　写真／新井 泰

JR東日本
京葉線

　1989（平成元）年から翌年にかけて、10両編成12本、計120両が投入された。先頭車は108〜119号車。保安装置はATS-PとATS-Sを搭載する。ATS-Pは東中野追突事故を契機に導入が急ピッチで進められ、京葉線の新木場〜蘇我間に初めて導入された。

　このグループの大きな特徴は前面形状が変更されたことだ。従来は額縁のように前面の外周部分だけがFRP製だったが、全体がFRP成形の白色塗装となり、黒色部分の下辺が曲線となり、窓には曲面ガラスを採用。ラインカラーもやや細めで低い位置となった。前部標識灯と後部標識灯は一つのライトケースに収められてラインカラー部分に配置され、すっきりとした印象になった。前面デザインの変更は、舞浜駅に隣接する東京ディズニーランド®へのアクセスのためのイメージチェンジで、

ラインカラーも新色の濃いピンク色の赤14号を採用。通勤形電車とはいえ一風変わったイメージとなった。

　また、東京駅付近の長大トンネル対策として、不燃化の強化、非常灯格納箱、先頭車には誘導用のメガホンが設置されている。前面運転台上部には種別表示器が設けられ、黒地に白文字の「各駅停車」と、赤地に白文字の「快速」「通勤快速」が表示できたが（121ページ写真参照）、後の山手線からの転入車には種別表示器がなかったことから、行先表示器に種別も表示する方法に変更となり使われなくなった。

　1995（平成7）年には外房・内房線乗り入れ用として最高速度110km/h対応工事が施工された。工事内容はブレーキ受量器および空気ブレーキ使用時のブレーキシリンダの圧力変更などで、対応完了車には形式番号に○印を標記して区別した。後に中央・総武緩行線と山手線から量産先行車を含む205系が転入したが、前面形状は従来のままで、103系の置

き換え用だったことから110km/h対応工事はされず、対応車と運用が分けられていた。

　なお、山手線から転入した量産先行車を含む6編成の台車は最も初期のDT50・TR235だったが、京葉線転入にあたり、軸受と軸受体が交換されDT50D・TR235Dと同等の外観となった。

　E233系5000番代の投入によって2011（平成23）年7月に運用を終了。新製配置車のうち10本を4両編成に組成変更し、東北本線・日光線用の600番代に改造した。改造までは余裕のある留置線への疎開留置が行われ、遠くは直江津駅構内で留置されていたものもあった。

JR東日本
武蔵野線

　0番代として最後の1991（平成3）年に新製され、後述の500番代と共に205系新製車の最後のグループとなった。8両編成5本、計40両が投

京葉線と同じFRP製の前面を、ステンレス車体に合わせたシルバーで塗装した武蔵野線用の205系(クハ204-149以下8両編成)。
西浦和 2007年10月12日 写真/高橋政士

入された。8両編成は、乗り入れ先の京葉線地下区間の勾配に対処するため6M2Tとなり、サハ205形は製造されなかった。先頭車は145〜149号車、MM'ユニットは392〜406号車。

保安装置はATS-P、ATS-B、ATS-SNを搭載。ATS-Pは京葉線に乗り入れるためで、武蔵野線内はATS-Sに分岐器の速度照査、出発、場内信号機に対する絶対停止信号を追加したATS-SNを使用する。後述の500番代の製造が始まった後に新製されたため、戸閉め機械は直動式のTK102を使用するなど、他の0番代とは若干仕様が異なる。

先頭車は京葉線の205系に合わせて全体がFRP成形となったが、塗色は車体に合わせた銀色である。種別表示器も設置されたが、京葉線乗り入れ当初は快速運転を行っていたも

のの、行先表示器に種別も表示していたため、「武蔵野線」の表示しか使用しなかった。運行番号表示器は500番代と同じマグサイン式を採用している。

なお、京葉線と武蔵野線の間に新製されたクハの120〜144号車は埼京線、南武線、京浜東北・根岸線用で、先頭車形状は従来のままだ。

その後、他線区からの転入によって205系化が完了したが、253系200番代の新製に伴い制御機器などを流用するためVVVFインバータ制御への改造が行われたほか、他線区の205系を投入する際に電動車が不足するため、武蔵野線用の電動車をVVVFインバータ制御に改造することで4M4T編成とした。改造されたMM'ユニットは5000番代に区分が変更された。

JR東日本 相模線

1991(平成3)年の相模線電化に際し、4両編成13本、52両が投入された。通勤路線ではない路線へ投入するため、実情に合わせた設計変更が行われ500番代と区分された。単線区間で列車交換のため停車時間が長くなることも考慮して客用扉は押ボタン式の半自動扉が採用され、211系と同様に車外に開ボタン、車内に開閉ボタンが設置された。戸閉め機械は鴨居部分に設置する直動タイプのTK102となった。この戸閉め機械は武蔵野線用の0番代最終グループにも採用された。

前面は京葉線用と同じく全面FRP成型のものだが、額縁状ではなく1位(助士側)の窓を縦長にするなど大き

相模線に新製投入された205系500番代。1位の窓を縦長にした独特なデザインが特徴。　写真／新井 泰

くデザインを変更。運転室仕切の扉の窓も縦長とされている。

　また14インチモニタを使用した運転支援システムも導入。ICカードを挿入することで列車の運転時刻や現在位置、走行距離、客用扉の開閉状況など、車両の状態に加えて多くの情報を表示できる。これは651系交直流特急形電車に採用されたものとほぼ同じものとなっている。

JR東日本
サハ204形

　首都圏の通勤路線ではラッシュ時の混雑により列車の遅延が常態化していたことから、多扉車による乗降時間の短縮を狙って、1989（平成元）年に5扉車と6扉車のモックアップが製作され、このうち6扉車がサハ204形として試作された。

　1990（平成2）年に試作の900番代2両が製造されている。20m車で6扉となったことから、車端部が戸袋部分となっており独特の雰囲気だ。行先表示器も設置されていない。室内は座席を収納式にして混雑時は立席のみとした。

　座席の収納時には窓際に旅客が立つことを考慮して、扉間の窓は縦長の小型窓とされ、荷物棚も通常より高い位置に設置。室内は座席収納時に便利なように、扉間中央に201系試作車以来のスタンションポールが設置された。吊手は3列で150個が設けられた。座席収納時の定員は157人、座席使用時は154人で、そのうち座席定員は30人となっている。定員がサハ205形の144人に対して多くなったため、冷房装置は42000kcalのAU75Gに対し、能力を50000kcalにアップしたAU717が用いられた。暖房装置は床にロードヒーティング用のヒータを改良したものを埋め込んだ床暖房とし、座席使用時には座席下のヒータも使用している。連結位

クハ205-513の車内。運転室仕切の1位側にある扉の窓も縦長なのが分かる。　写真／中村 忠

置は東京駅基準で最も混雑が激しい
とされる神田寄りの2両目の9号車と
され、8・9号車や2・9号車に連結
して試験を行ったこともあった。

　試験の結果は良好で1991(平成3)
年に若干の設計変更を加えた量産車
が登場。連結位置は編成増強を兼ね
て9・10号車の間とされ、山手線は
11両編成となった。11両編成とする
と2基のMGでは冷房電源が不足する
ことから、自車給電として高圧引通
線の電源を利用したDC-DCコンバー
タを搭載している。

　収納式座席の使用方法は試作車と
同じで、初電から10時までは収納
して使用。10時以降は車掌がロック
を解除することで、背もたれ上部に
ある表示ランプが点灯し、旅客が各
自引き出して使用する方法となった。
収納は車両基地に戻った際に一斉に
自動収納する。手動では戻せない。

　台車は651系で採用されたTR241
系のTR241Bを採用。試作車の900
番代2両と合わせて、0番代は51両が
製造された。山手線での運用終了後
は埼京線に転用され、10両編成の川
越方の8・9号車を6扉車とした。こ
のため編成の組み替えが生じ、サハ2
両が川越方に片寄った編成となった。
埼京線では6扉車が2両続けて連結
されることから、一部の窓を固定式
にして行先表示器の設置改造が行わ
れた。また、1両は横浜線用に転用さ
れた。

　1994(平成6)年には横浜線の混雑
緩和のため6扉車を連結することと
なり、仕様を変更した100番代が26
両投入された。こちらも編成両数の
増強を兼ね7→8両編成となった。8
両編成なので冷房電源の不足はなく、
自車電源を持つ必要がないためDC-
DCコンバータは省略され、AU717
クーラも三相交流440V電源となっ
た。台車は製造中の209系、E501
系などに採用されていたTR246系の
TR246Eに変更されている。

国鉄 205系通勤形電車

1990年に試作されたサハ204-901。山手線の205系の中で、サハ204形のみ客用扉の
窓が大きかった。　神田　写真／長谷川智紀

量産されたサハ204形0番代のラストナンバー、サハ204-51。田端　写真／髙橋政士

山手線用サハ204形の車内。写真は座席を格納した状態。客用扉の両上にモニタを設けて
広告を流すなど、新たな試みも行われた。　写真／新井 泰

表5　205系の新製投入路線と車番

事業者	投入路線	投入初年	モハ205・204形	クハ205・204形	サハ205形	サハ204形	備考
国鉄	山手線	1985年	1~24	1~4	1~8		量産先行車
	山手線	1985年	25~102	5~34	9~68		量産車
	京阪神緩行線	1986年	103~110	35~38	69~72		
JR東日本	山手線	1987年	121~180	41~60	81~120	901,902、1~51	量産車
	横浜線	1988年	181~230	61~85	121~145、232	101~126	客用扉窓拡大
	南武線	1989年	231~236、270~277、353~366、373~376	86~88、100~103、129~135、138、139			
	埼京線・川越線	1989年	237~254、258~260、264~269、326~352、377~391	89~94、96,98,99、120~128、140~144	146~157、160,161、164~167、200~217、222~231		
	中央・総武緩行線	1989年	255~257、261~263	95、97	158,159、162,163		
	京浜東北・根岸線	1989年	278~289、367~372	104~107、136,137	168~175、218~221		
	京葉線	1989年	290~325	108~119	176~199		メルヘン顔
	武蔵野線	1991年	392~406	145~149			メルヘン顔
	相模線	1991年代	501~513	501~513			500番代
JR西日本	阪和線	1988年	1001~1005	1001~1005			1000番代

試験的にサハ204-901を9号車、サハ204-902を2号車に連結し、ヘッドマークを掲げて6扉車をPRする山手線の205系42編成（クハ205-42以下10両編成）。サハ204形は側窓縦寸法が大きいため、側面が他車と異なるのが分かる。御徒町　1990年　写真／長谷川智紀

205系ベースのVVVF試作車 207系900番代

文●高橋政士

205系では、軽量ステンレス車体やボルスタレス台車など、その後の通勤形電車の基礎をつくった。そして、派生型となる試作車の207系900番代ではVVVFインバータ制御を採用。国鉄最後の新形式で、現在につながる電車技術が試された。

新技術に先鞭を付けた後も、常磐緩行線で2010年まで活躍を続けた207系900番代。見た目は205系を貫通型にしたデザインだが、さらに技術的に踏み込んだ内容となった。松戸〜北松戸間　2009年10月9日　写真／高橋政士

国鉄 205系 通勤形電車

半導体技術の進化で実現した三相交流電動機の直流電車

電気車の主電動機には起動トルクが大きく、抵抗制御と界磁制御によって制御が容易であることから、国鉄では直流直巻電動機が長年にわたって使用されてきた。ブラシとコミュテータという物理的な接触部分のメンテナンスはあるが、事実上それ以外に選択肢がなかったともいえる。

直流電動機のような接触部分がない三相交流電動機を車両に用いるには、大容量の電力用半導体を使用する必要があり、鉄道車両に応用するのは夢のまた夢といった状況であった。しかし、1960年代半ばから電力用半導体が急速に進化を遂げ、交流電気機関車の位相制御をはじめ、チョッパ制御など、半導体による電気車の制御が実現できるようになった。

1982（昭和57）年に国内で初めてVVVFインバータ制御による三相交流電動機を使用した電車の熊本市交通局8200形が登場。さらに、国鉄でも1985（昭和60）年に廃車予定の101系を使用してVVVFインバータ制御の現車試験が行われ、試験結果は良好であった。

そのような背景の中、国鉄最後の1986（昭和61）年11月ダイヤ改正では、営団地下鉄（現・東京メトロ）千代田線に直通する常磐緩行線で、増発用に1編成の増備が必要となった。そこで急きょ、現車試験で良好な結

44

←代々木上原　　　　　　　　　　　　　　　　　　　　　　　　　　　　　　　　　　　　取手→

①	②	③	④	⑤	⑥	⑦	⑧	⑨	⑩
Tc'	M2	M1	T2	M2	M1	T1	M2	M1	Tc
クハ206-901	モハ206-903	モハ207-903	サハ207-902	モハ206-902	モハ207-902	サハ207-901	モハ206-901	モハ207-901	クハ207-901

製造

| 川崎重工業 | 東急車輛製造 | | 川崎重工業 | 東急車輛製造 | 川崎重工業 | |

インバータ

| 東洋電機 | 東芝 | 日立製作所 | 富士電機 | 三菱電機 | 東芝 |

モハ207-902の床下機器。富士電機製のVVVFインバータ装置、制御装置、フィルタリアクトル、断流器、除湿機を併設した空気圧縮機（CP）などを搭載する。

モハ206-902の床下機器。日立製作所製のVVVFインバータ装置、制御装置、断流器、電動発電機（MG）、MG起動装置などを搭載する。

試験的な意味合いから、上の編成図のようにVVVFインバータ装置は車両によってメーカーが異なる。写真は上が東洋電機製造、下が日立製作所。表面にはメーカーの社章やロゴが陽刻されていた。2005年2月9日　写真／新井　泰（4点とも）

果を残したVVVFインバータ制御車を投入することが決定され、国鉄最後の電車形式として207系900番代が誕生することになったのである。

国鉄で唯一となった 中実軸カルダン駆動

　車体は当時製造が進められていた205系と同じ軽量ステンレス構造とし、地下鉄用として前面に非常口を設けたため印象が大きく変わった。また、主電動機が三相誘導電動機（MT63）となったことから、冷却風取入口が直接吸込となったため電動車の車体側面に空気取入口がない。

　台車は205系と同じボルスタレス台車だが、主電動機の変更に伴いDT50E・TR235Eとなった。三相交流誘導電動機は高速回転が可能であるため、歯数比は203系の6.07に対して7.07と大きく取っている。また主電動機にブラシがなく全長が短いこと、さらに高速回転型であることから、駆動装置は従来の中空軸カル

ダン方式ではなく、中実軸カルダン方式を採用。主電動機と歯車装置の間にたわみ継手が2個収まる構造となった。中実軸カルダン方式は国鉄では最初で最後のものとなった。

　編成は試作車であることと地下鉄線内で急勾配があることなどを考慮して6M4Tの10両編成となっている。主転換器（インバータ装置）は電動車ごとに搭載され1C4M方式となり、6両の電動車のすべてに主転換器が搭載されており、MG・CPの補機類を2両の電動車に分散配置としてMユニットの体裁を取っているが、主転換器を電動車各車搭載としたことからM1・M2車という分け方となった。国鉄の車両称号基準規定では、制御器を搭載している電動車に奇数形式が付与されるが、207系ではパンタグラフを搭載したM1車が奇数形式となった。

　なお、インバータ装置は試験も兼ねて日立製作所、東芝、三菱電機、富士電機、東洋電機の5社のものが採

用されているが、ゲート制御部分は日立製作所のもので統一されているため、VVVFインバータ制御特有の主電動機からの磁歪音（じわいおん）は同じ音がする。

　国鉄最後の新形式電車であり、最初のVVVFインバータ制御の電車となった207系900番代だが、試作車のみ1編成の存在ながら長きに渡って常磐緩行線で孤軍奮闘の活躍をし、2010（平成22）年に廃車となった。この207系900番代で実際にVVVFインバータ制御の運用を行った結果、VVVFインバータ制御は十分に実用に耐えられることが証明され、1993（平成5）年の901系（→209系）登場後に新製される電車はVVVFインバータ制御が主流となり、JRの新系列電車の基礎を築いた。

国鉄 205系 通勤形電車

モハ207形 900番代

207系ではパンタグラフ搭載車がM1車で、ユニットの外側（前位側）に搭載する。補機は空気圧縮機（CP）を搭載。3・6・9号車に連結される。モハ207-903。松戸電車区我孫子支区　1987年10月11日　写真／新井 泰

モハ206形 900番代

制御装置、断流器、電動発電機（MG）などを搭載するM2車。205系と違い、側面に主電動機の冷却風取り入れ口がない。2・5・8号車に連結される。モハ206-902。松戸電車区我孫子支区1987年10月11日
写真／新井 泰

クハ207形 900番代

取手側に連結される奇数向き制御車（Tc）。地下鉄に乗り入れるためA-A基準に適合し、前面中央に非常用貫通扉を設ける。2位側にジャンパ栓受けが装着されているのが外観の特徴。クハ207-901。松戸　2006年7月28日
写真／髙橋政士

クハ206形 900番代

代々木上原側に連結される偶数向き制御車（Tc'）。ジャンパ栓受けがないのでスッキリとしている。保安措置、列車無線装置などはクハ207-901と同じ。クハ206-901。松戸電車区我孫子支区 1987年10月11日 写真／新井 泰

サハ207形 900番代

4・7号車に連結される付随車。207系900番代の車体は山手線の205系と同仕様なので、客用扉の窓が小さい。また、幕板部にビードはあるが帯は入らない。サハ207-901には営団地下鉄用の誘導無線送受信器、床下空中アンテナ、車側空中アンテナを装備する。サハ207-901。松戸電車区我孫子支区 1987年10月11日 写真／新井 泰

国鉄 205系 通勤形電車

晩年のモハ206-903の車内。モケットは背もたれに1人分ずつ柄が入ったものに変更されている。2007年10月28日 写真／高橋政士

モハ207形900番代は、前位側にPS21パンタグラフを1基搭載し、地下鉄乗り入れ車であることからヒューズが設置されている。松戸〜北松戸間 2009年12月5日 写真／高橋政士

クハ207-901の前頭部。貫通
型だが、前面は同様にステンレ
ス板の組み合わせ。ブラックア
ウトされた前面窓まわりは、205
系と同様に傾斜している。松戸
2006年7月28日
写真／高橋政士

JR発足から間もない頃の207系900番代。先頭はクハ206-901。松戸電車区我孫子支区
1987年10月11日　写真／新井 泰

2009年12月5日に運転された「ありがとう207系」の団体専用列車。その後の電車の標準となる技術の基礎を築き、技術的な実績を
残して23年にわたる営業運転を終えた。松戸〜北松戸間　2006年7月28日　写真／高橋政士

国鉄 205系 通勤形電車

第3章

205系の形式と番代

205系はさまざまな路線に投入されたが、0番代の続番で製造がされたため、増備中の改良はあるものの、新製車は0番代(量産先行車)、0番代(量産車)、500番代、1000番代と国鉄時代らしく非常にシンプルであった。しかし、転配のための改造で電動車を中心に1100番代、3000番代などの新たな番代が改造により登場した。

205系の形式

文 ● 「旅と鉄道」編集部　資料所蔵 ● 岡崎 圭

205系には、量産先行車および量産車として製造された形式としてクハ205形、クハ204形、モハ205形、モハ204形、サハ205形がある。さらにJR発足後には6扉車のサハ204形が増備された。後継形式登場後の転配では、クモハ205形、クモハ204形が改造により登場した。

国鉄 205系 通勤形電車

| 0番代
量産先行車 | 山手線に投入された量産先行車モハ205-11（2-4位側）。山手線は6M4Tで、1編成につきモハ205形は3両連結された。量産先行車は上段下降、下段上昇の2段サッシ窓が特徴。車体側面に主電動機の冷却風取入口がある。山手電車区
写真／新井 泰 |

モハ205形

205系の中間電動車で、主制御器や主抵抗器を搭載して、モハ204形とユニットを組む電機車。界磁添加励磁制御と電力回生ブレーキの採用により、主抵抗器は大幅に小型軽量化された。ブレーキについてはモハ204の制御も司っている。

新製車は量産先行車とそれに続く量産車の0番代、500番代、1000番代があり、改造車は600番代、3000番代、3100番代と、制御方式をVVVFインバータに変更した5000番代がある。5000番代は電動車ユニットのみ存在し、付随車は0番代のままである。本形式にIGBT式のインバータ制御装置を搭載する。

モハ２０３形（重生光１丁半）

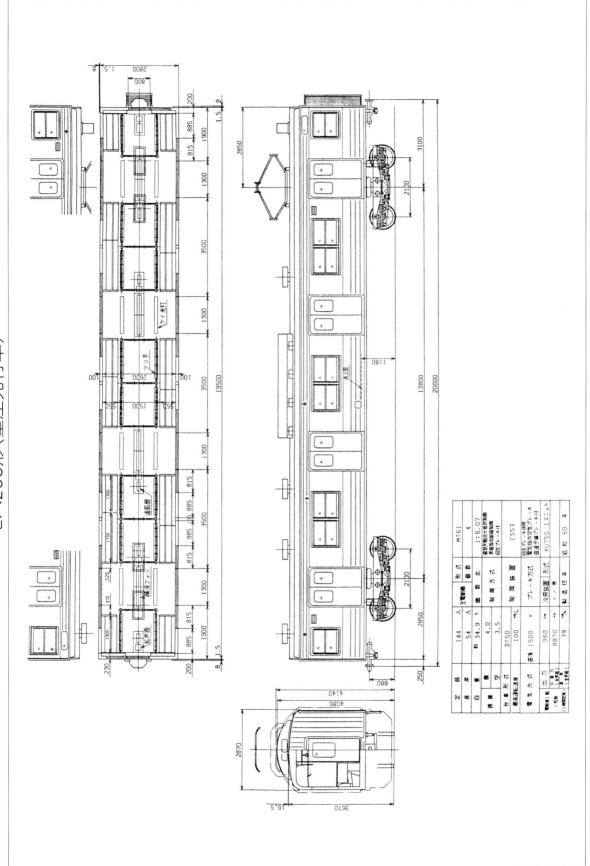

定員	144 人		
座席	54 人		
自重	約 34.9 t		
主電動機 形式	MT61		
歯数比	1:6.07		
数 個数	4		
制御方式	添加励磁付き界磁制御電気指令式空気制御		
制動方式	3.5	回生ブレーキ付	
台車形式	DT50	CS57	
制御装置			
ブレーキ方式	回生ブレーキ併用電気指令式空気ブレーキ直通予備ブレーキ付		
最高運転速度	100 km/h		
電気方式	直流 1500 V		
冷房装置 形式	AU75G 1ユニット		
出力	960 kw		
引通し	ソフト線		
全長	8870		
（片渡り　（全軸駆））度	39 %	製造年車	昭和 60 年

■ 0番代 │ 国鉄時代に京阪神緩行線に投入されたモハ205-106（2-4位側）。側窓は一段下降窓に変更されたが、客用扉の窓は小さい。
帯色は青22号より彩度の高い青24号。大阪　1987年3月8日　写真／新井 泰

■ 0番代 │ JR東日本が1988年から横浜線に投入した編成から、客用扉の窓が拡大された。
写真のモハ205-286（3-1位側）は、京浜東北線から埼京線に転属した車両。川越電車区　写真／新井 泰

500番代 | 相模線用のモハ205-501（3-1位側）。500番代は単線での列車交換を考慮して、半自動扉スイッチを装備する。
登場時のパンタグラフは菱形だが、2009年に全編成がシングルアーム式に換装された。八王子　写真／長谷川智紀

1000番代 | JR西日本が新製投入したモハ205-1005（2-4位側）。1000番代では主電動機の冷却方式が変更され、戸袋部分にあった取入口を
廃止。幕板には車外スピーカーが付く。また、屋上の通風器が2個に減少している。上野芝　2007年10月11日　写真／中村 忠

国鉄205系通勤形電車

| 3000番代 | 八高・川越線用のモハ205-3005（3-1位側）。3000番代は、山手線の0番代から2003〜05年に5編成が改造された。寒冷地を走るため、耐雪ブレーキや半自動扉スイッチが追加された。当初はPS21パンタグラフだったが、2004〜05年にシングルアーム式に換装された。八王子　2015年10月31日　写真／中村 忠

| 3100番代 | 0番代から改造された仙石線用のモハ205-3105（2-4位側）。3100番代は寒冷地を走るため耐雪ブレーキが追加され、客用扉は凍結を防ぐレールヒーターを備えた押しボタン式半自動扉となった。パンタグラフは2005年にシングルアーム式に換装され、霜取り用を搭載する車両もある。多賀城　2023年2月24日　写真／岸本 亨

5000番代 | 武蔵野線のモハ205-5037（3-1位側）。2002〜08年にVVVFインバータ制御に改造され、5000番代となった。IGBT式のSC71インバータ制御装置を搭載し、主電動機はMT74に換装。0番代の種車により、客用扉の窓は大小2種類が存在した。京葉車両センター　2005年2月14日　写真／中村 忠

600番代 | 東北本線（宇都宮線）のモハ205-601（3-1位側）。600番代は、京葉線と埼京線の0番代を種車に2012〜14年に改造された。寒冷地を走るので半自動ドアスイッチやドアレールのヒーターを追加。パンタグラフはシングルアーム式に換装され、霜取り用も追加された。黒磯　2016年7月21日　写真／新井 泰

国鉄 205系 通勤形電車

0番代 量産先行車 ステンレス製車体を輝かせて、山手線で試運転を行うトップナンバー・モハ204-1（2-4位側）。床下の電動発電機（MG）と自動電圧調整装置の大きな箱が目を引く。6M4Tの山手線では、モハ205形とともに1編成につき3両が連結された。
写真／中村 忠

モハ204形

205系の中間電動車で、モハ205形とユニットを組む。床下に電動発電機（MG）、コンプレッサ（CP）、元空気ダメ、供給空気ダメなどを搭載する空機車である。

モハ205形と同様に、新造車は0番代（量産先行車と量産車）、500番代、1000番代、改造車は3000番代、3100番代、5000番代、600番代がある。

VVVFインバータ制御に改造された5000番代では、MGを装備していないモハ204形には210kVAのSIV（SC66B）が搭載された。

モハ2U4形（量産先行車）

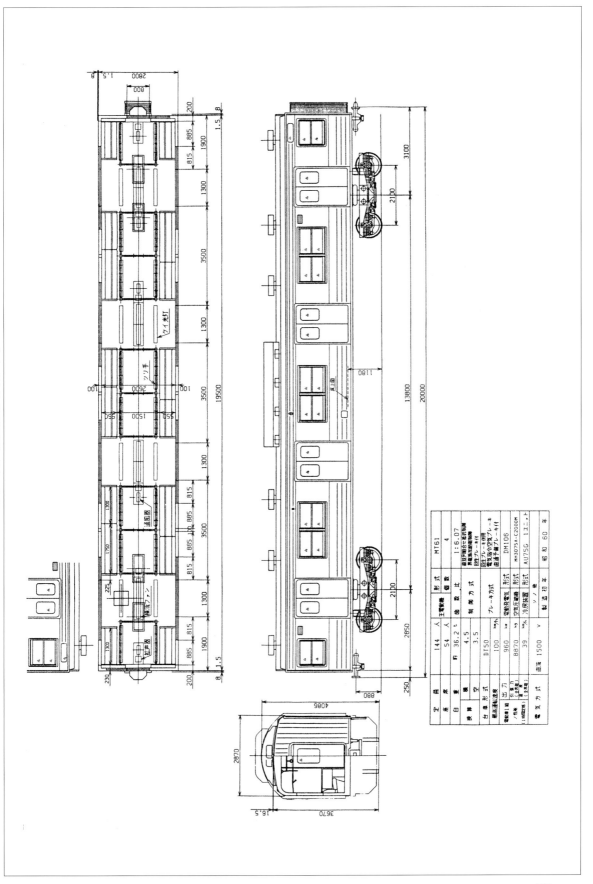

| 0番代 | 国鉄時代に京阪神緩行線に投入されたモハ204-108（2-4位側）。側窓は一段下降窓で、客用扉の窓は小さい。写真は近年の姿で、客用扉の靴ズリに警戒色が加えられている。上野芝　2014年11月26日　写真／中村 忠 |

| 0番代 | 量産車のモハ204-294（2-4位側）。写真は京葉線に新製投入された第2編成で、客用扉の窓が大きくなっている。京葉線は6M4Tの10両編成で、帯色は首都圏で初採用のワインレッド。茅ケ崎　1989年11月25日　写真／中村 忠 |

相模線のモハ204-512（3-1位側）。500番代は単線区間での長時間停車を考慮して、半自動扉押ボタンを装備したほかは、0番代量産車とほぼ同じ外観である。相武台下　2016年5月5日　写真／中村 忠

JR西日本のモハ204-1003（2-4位側）。床下の中央付近にある白い箱が、1000番代の特徴である補助電源装置のSIV。モハ205形1000番代と同じく側面の主電動機冷却風取入口がなく、幕板に車外スピーカーが付く。日根野電車区　写真／新井 泰

国鉄 205系 通勤形電車

3000番代 八高・川越線用のモハ204-3005（3-1位側）。3000番代は山手線の0番代から、2003〜05年に5編成が改造された。寒冷地を走るため半自動扉押ボタンが追加され、帯色が変更されたほかは、外観に大きな変更はない。八王子　2015年10月31日　写真／中村 忠

3100番代 0番代から改造された仙石線用のモハ204-3105（2-4位側）。写真はMG撤去車が種車のため、補助電源装置としてSIVが搭載されている。仙石線用はスカイブルーと紺色の2色だが、2WAYシートのクハ205形を連結する編成は、各車両で帯色が異なる。多賀城　2023年2月24日　写真／岸本 亨

5000 番代 武蔵野線の5000番代は、0番代からVVVFインバータ制御に改造された車両で、電動車ユニットのみの番代である。写真のモハ204-5038（3-1位側）は電動発電機（MG）を装備していない車両が種車のため、210kVAのSIVを搭載する。京葉車両センター 2005年2月14日 写真／中村 忠

600 番代 湘南色の帯を巻く、東北本線（宇都宮線）の600番代。写真のモハ204-601（3-1位側）は、京葉線用の0番代から改造された。外観では半自動扉押ボタンが追加されたほかは、見た目上の大きな変更はない。黒磯 2016年7月21日 写真／新井 泰

**0番代
量産先行車**

山手線で試運転をする量産先行車クハ205-1。前面は量産車と同じだが、側窓が2段サッシなので全体の印象が異なる。
オリジナルスタイルでは前面にスカートがない。乗務員室扉は光沢があり、梨地処理されていないのが分かる。
品川　1985年1月31日　写真／中村 忠

国鉄 205系 通勤形電車

クハ205形

クハ205形は奇数向きの制御車（Tc）で、0番代（量産先行車・量産車）、500番代、1000番代が新製された。京葉線向けに新製された108〜119号車、武蔵野線向けの145〜149号車ではFRPの前面を取り付けた専用形状となった。

改造車では、サハ205形からの先頭車化改造で1100番代、1200番代、3000番代、3100番代が登場し、独自の前面形状が採用された。クハ205形0番代からの改造車は600番代のみであるが、種車によって原形タイプとFRP製の2種類がある。

シハ2053形（里生元1〒車）

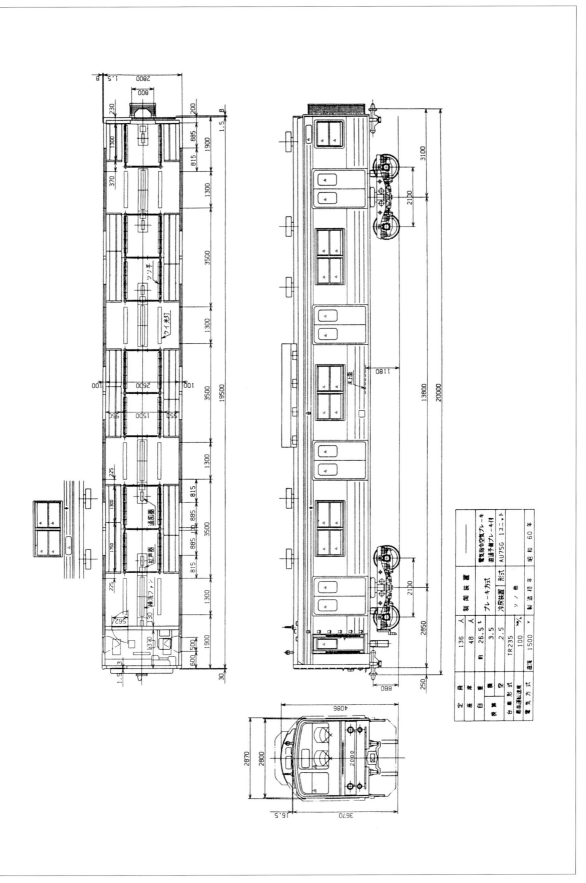

定 員	136 人	制 御 装 置	───
座 席	48 人		
自 重	約 26.5 t	ブレーキ方式	電磁給排空気ブレーキ 直通予備ブレーキ付
換 算 空	3.5	冷房装置 形式	AU75G 1ユニット
〃 積	2.5		
台車形式	TR235	ソノ他	
〃		製造初年	昭和 60 年
最高運転速度	100 km/h		
電気方式	直流 1500 V		

国鉄205系通勤形電車

0番代 国鉄時代の205系は、山手線に続いて京阪神緩行線に投入された。量産車では側窓が一段下降窓に変更されたが、客用扉の窓は小さい。クハ205-38。大阪　1986年11月9日　写真／大那庸之助

0番代 JR東日本では205系の量産を続けたが、1988年に横浜線に投入されたクハ205-61以降は、客用扉の窓が大きくなった。写真は横浜線のクハ205-78で、当時はスカートを装備していない。八王子　1991年3月　写真／長谷川智紀

0番代 京葉線向けのクハ205-108〜119号車、武蔵野線向けのクハ205-145〜149号車では、FRP製の前面に変更された。京葉線向けは白色のままだったが、武蔵野線向けは銀色に塗装された。また、武蔵野線は踏切がないので最後までスカートを装備せず、ほぼ原形を保っていた。クハ205-145。市川大野　2016年8月18日　写真／高橋政士

500番代 相模線用の500番代は、左右非対称の独特な前面で、このデザインは最後までほかに採用されなかった。また、もともと踏切の多い路線を走るため、落成時からスカートを装備する。側面のJRマークも緑色だった。クハ205-512。相武台下　2016年5月5日　写真／中村 忠

■ 1000番代 JR西日本では、京阪神緩行線に続いて阪和線に1000番代を新製投入した。前面窓は運転士側が小さく、助士側が大きな独特なもの。スカートは後年の追加装備だが、写真は近年のもので形状が変更されている。クハ205-1001。上野芝　2014年11月26日
写真／中村 忠

■ 1100番代 鶴見線に投入されたクハ205-1101。クハ205-1100番代は、埼京線のサハ205形を2002〜05年に先頭車化改造した車両で、客用扉の窓が大きい。1位側乗務員室扉の上にはサハ205形の行先表示器があったため、ステンレス板でふさがれている。
鶴見小野　2016年5月1日　写真／中村 忠

国鉄205系通勤形電車

1200番代 南武線用に、山手線のサハ205形から改造されたクハ205-1200番代。そのため、客用扉の窓は小さい。1200番代は制御車のみの番代で、中間に連結されるモハユニット2組は0番代のままである。クハ205-1204。尻手　2014年1月5日　写真／中村 忠

3000番代 八高・川越線向けのクハ205-3000番代は、山手線のサハ205形から改造され、後位に車椅子スペースが設置された。単線区間を走るため半自動扉押ボタンと、耐雪ブレーキが設けられた。1位側乗務員室扉の上は行先表示器がふさがれているが、その上にも帯が入る。クハ205-3002。高麗川　2004年6月25日　写真／高橋政士

┃3100番代┃ 仙石線用にサハ205形から改造されたクハ205-3100番代。4位側に車椅子対応便所が設置され、窓がふさがれている。M2〜5・8編成のクハ205形は、クロスシートとロングシートに転換可能な2WAYシートを装備し、赤系色の帯を巻く。クハ205-3105。
多賀城　2023年2月24日　写真／岸本 亨

クハ205-3105の客室内。JRでは珍しく、ロングシートとクロスシートに転換できる2WAYシートを装備するが、現在はロングシートのみで使われている。背もたれが高く肘掛けのある2人掛け席に名残がある。多賀城
2023年2月24日　写真／岸本 亨

クロスシートに転換していた当時のクハ205-3100番代の座席。足下のペダルを踏むと回転することもできた。
2004年9月13日　写真／岸本 亨

| 3100番代 | 仙石線用のクハ205-3100番代は、山手線と埼京線のサハ205形から改造された。レールヒーターを設置した押しボタン式の半自動扉や耐雪ブレーキなど、耐寒仕様になった。JRマークが車体中央に入るのも3100番代の特徴。石巻　2012年6月15日
写真／髙橋政士 |

| 600番代 | 東北本線(宇都宮線)のクハ205-600番代。写真のクハ205-607は京葉線向けのクハ205形から改造され、FRP製の前面が引き継がれた。耐寒仕様への改造のほか、4位側に車椅子対応便所が設置され、窓がふさがれている。宝積寺　2016年5月28日
写真／中村 忠 |

山手線で営業運転に就く量産先行車クハ205-3。側窓が田の字形の2段サッシで、客用扉の窓が小さい。
中央部の窓が開いているのが分かる。オリジナルスタイルでは前面にスカートがない。東京　1985年10月19日
写真／大那庸之助

クハ204形

　　クハ204形は偶数向きの制御車
（T'c）で、0番代（量産先行車・量産
車）、500番代、1000番代が新製さ
れた。改造車では、サハ205形から
の先頭車化改造で1200番代、3000
番代、3100番代、クハ204形0番代

からの改造で600番代がある。
　なお、鶴見線用の1100番代は3両
編成となるため、クハ205形にはあ
る1100番代がこちらの形式には存
在しない。

クハ204形（量産先行車）

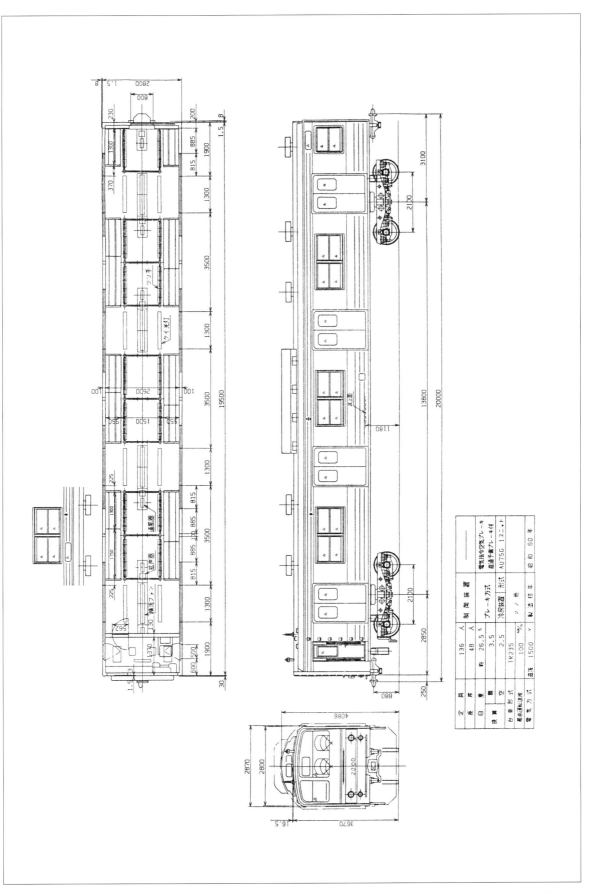

項　目			
定　員	136 人	制 御 装 置	─
座　席	48 人		電気指令空気ブレーキ
自　重	約 26.5 t	ブレーキ方式	回通予備ブレーキ付
鉄算空重	2.5	冷房装置	形式 AU75G 1ユニット
台車形式	TR235	ソ ノ 他	
最高運転速度	100 ㎞/h		
電気方式	直流 1500 v	製造初年	昭和 60 年

71

0番代　武蔵野線のクハ204-50。山手線から転属してきた量産初期車で、側窓は一段下降窓で客用扉の窓が小さい。スカートが追加されているが、これは山手線時代に設置改造されたもの。京葉車両センター　2005年2月11日　写真／中村 忠

0番代　京葉に投入されたクハ204-108〜119号車では、従来車と通番ながらFRP製の前面を採用し、印象が大きく変わった。沿線のテーマパークなどから"メルヘン顔"と通称された。ワインレッドの帯色は、以降、京葉線のラインカラーとなった。クハ204-109。
茅ケ崎　1989年11月25日　写真／中村 忠

500番代 相模線用の500番代は独特な前面形状が特徴で、前面だけ見ていると違う形式のようだ。助士側にオフセットされた縦長の窓も、一見すると地下鉄の電車のようで、JRの電車らしくない。当時の通勤形電車では珍しく、落成時からスカートを装備するのも特徴。豊田電車区　クハ204-512。写真／新井 泰

1000番代 既存の0番代とは前面窓の形状を変えて登場した1000番代。幕板部分には車外スピーカーが設置されている。スカートが装備され始めた頃の姿で、後にスカート形状は変更された。クハ204-1003。日根野電車区　写真／新井 泰

▎**1200番代** ▎6両編成となる南武線に転用するため、サハ205形から先頭車化改造されたクハ204-1200番代。山手線の車両から改造されたため、客用扉の窓は小さい。クハ204-1204。尻手　2014年1月5日　写真／中村 忠

▎**3000番代** ▎八高・川越線向けのクハ204-3000番代。山手線のサハ205形から改造され、後位に車椅子スペースが設置された。半自動扉押ボタンと耐雪ブレーキを追加した寒地仕様で投入された。クハ204-3005。拝島　2008年7月5日　写真／中村 忠

3100番代 仙石線用にサハ205形から改造されたクハ204-3100番代。写真は埼京線のサハ205形から改造された車両のため、客用扉の窓が大きい。クハ204-3118。小鶴新田 2016年4月28日 写真／中村 忠

600番代 日光線色の600番代の先頭車は、すべてFRP製前面の"メルヘン顔"タイプ。前任の107系が塗色変更後にまとったレトロ調の塗色を帯色にまとい、戸袋部にシンボルマークが入る。日光線のほか東北本線（宇都宮線）にも充当された。クハ204-606。日光 2016年5月28日 写真／中村 忠

0番代 量産先行車

山手線に投入された量産先行車サハ205-8（2-4位側）。山手線は6M4Tで、1編成につきサハ205形は2両連結された。サハでは車体側面の戸袋部分に設けられる主電動機の冷却風取入口がないのが外観の特徴。山手電車区
写真／新井 泰

サハ205形

205系落成時のオリジナル形式では唯一の付随車（T）で、7両編成以上にのみ連結された。新造車は0番代（量産先行車と量産車）のみで、4両編成の500番代、1000番代は製造されていない。

10両編成を組むような路線では欠かせない車両だったが、転配先は長編成を組まないため、余剰車となるため、1100番代、1200番代、3000番代、3100番代の制御付随車に改造された。

ノハ２０３形（量産先行車）

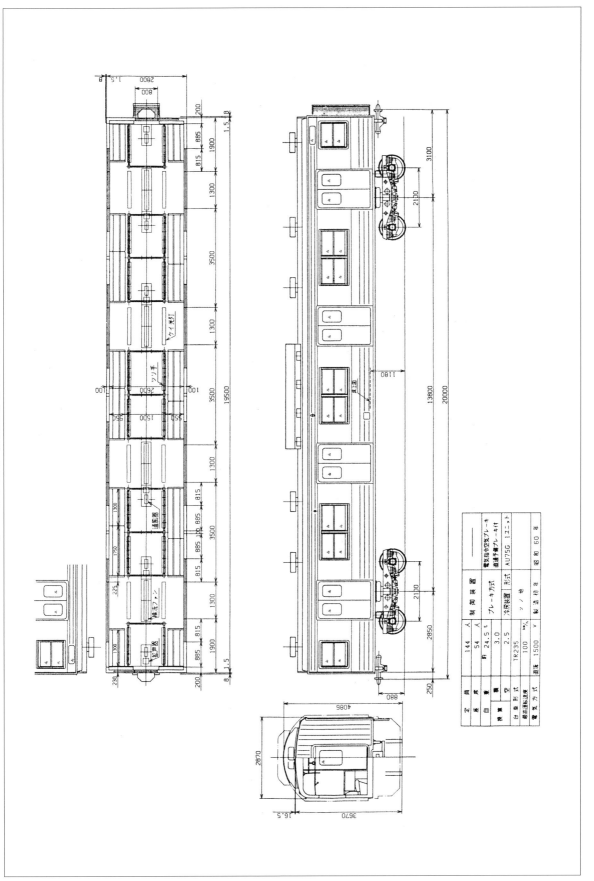

項目		
定員	144 人	
座席	54 人	
自重	約 24.5 t	
積算 荷重	3.0	
〃 空車	2.5	
台車形式	TR235	
最高運転速度	100 km/h	
電気方式	直流 1500 v	

制動装置	―
	電気指令空気ブレーキ
ブレーキ方式	直通予備ブレーキ付
冷房装置 形式	AU75G 1ユニット
〃 他	
製造初年	昭和 60 年

0番代 山手線から武蔵野線の5000番代に転配されたサハ205形初期量産車。側窓は一段下降窓で、客用扉の窓は小さい。5000番代では、電動車は改番されたが、クハ・サハの付随車は元番号のままであった。サハ205-117。京葉車両センター 2005年2月14日
写真／中村 忠

0番代 量産車のサハ205-179(2-4位側)。1988年以降の量産車では、客用扉の窓が大きくなっている。京葉線は6M4Tの10両編成で、サハ205形は2両連結された。茅ケ崎 1989年11月25日 写真／中村 忠

| 0番代 | 山手線に1990年から連結されたサハ204形。スペースの都合で行先表示器は装着できなかった。山手線のサハ204形には車内表示モニターが装備され、情報提供サービスが試験的に行われた。サハ204-51。田端　写真／高橋政士

サハ204形

　山手線の混雑対策のため、乗降時間の短縮を目的として客用扉を増やした6扉車。朝の混雑時は座席を跳ね上げてすべて立席にすることができた。

　まず、1990年に901・902号車の900番代2両が試作され、山手線の営業列車に組み込んで連結位置を検証。その後、山手線に量産車として0番代が投入された。さらに横浜線にも投入されるが、すでに209系が製造されているため、設計に209系の要素を盛り込んで100番代となった。

　山手線用は2005年4月をもってE231系へ置き換えられ、埼京線と横浜線に転用された。

900番代 1990年に901・902号車の2両が試作され、山手線に連結された。試作車では6カ所ある両開き扉のうち2・5番目の扉を締め切り、4扉の開閉とすることも可能で、2・5番目の扉の両脇には締切を示す表示灯が付けられた。サハ204-902。御徒町 1990年3月10日
写真／新井 泰

100番代 横浜線向けに1994年から投入された。製造が始まっていた209系の設計思想を盛り込み、100番代となった。車椅子スペースの設置、客用扉の変更、通風器をステンレス製に変更、台車の変更などである。E233系6000番代の投入により、2014年に廃車となった。

座席を折り畳んだ状態のサハ204形。戸袋部の上には車内表示モニターが装備されている。写真は荷棚がアクリル板のタイプ。1992年8月29日 写真／新井 泰

座席を出した状態のサハ204形。座面を引き出すと両側の肘掛けも出てくる。写真は荷棚がパイプのタイプ。1992年8月29日 写真／新井 泰

埼京線に転属後のサハ204形。埼京線は情報提供機器の支援設備がないため、車内表示モニターは撤去されている。2008年6月8日 写真／高橋政士

サハ204形の製作にあたり、JR東日本では1989年に多扉車のモックアップを製作し、大井工場で試験が行われた。写真は一般公開で展示されたモックアップ。1989年7月30日 写真／大那庸之助

■ 1000番代 ┃ モハ205-279から2002年に改造されたクモハ205-1001。写真は菱形パンタグラフを搭載していた頃で、現在はシングルアーム式に交換されている。川崎新町　2007年8月1日　写真／髙橋政士

■ 1000番代 ┃ クモハ205-1003号車は、山手線のモハ205-23号車から改造されたため、客用扉の窓が小さい。写真はシングルアーム式パンタグラフに交換後で、帯に五線譜の柄が追加されている。川崎新町　2016年5月5日　写真／中村 忠

クモハ205形

　モハ205形を先頭車化改造した形式で、南武支線用の1000番代のみがある。クモハ204形1000番代とユニットを組み、2両編成で運転される。

　3編成が在籍し、クモハ205・204形1001号車はモハ205・204形の279号車から、1002号車は282号車、1003号車は23号車のユニットから改造されている。

| 1000番代 | 南武支線用のクモハ204-1002。1000番代は3両とも補助電源装置用のMGを搭載しないモハ204形からの改造のため、静止型インバータ(SIV)を床下に搭載する。川崎新町 2014年1月25日 写真/中村 忠 |

クモハ204形

モハ204形を先頭車化改造した形式で、南武支線用の1000番代3両と、鶴見線用の1100番代9両がある。

鶴見線用はユニットを組むモハ205形とともに転用されたが、モハ205形は改造されていないため、元番号のままである。

南武支線用はワンマン運転に対応し、乗務員扉の前方に外部スピーカーが設置されている。

1100番代 　鶴見線用のクモハ204-1109。補助電源装置用のMGが撤去車または未搭載車が種車のため、静止型インバータ（SIV）を床下に搭載する。武蔵白石　2023年2月18日　写真／岸本 亨

205系の番代区分

新·改	番代	モハ205	モハ204	クハ205	クハ204	サハ205	サハ204	クモハ205	クモハ204
新製車	0番代 （量産先行車）	◯	◯	◯	◯	◯			
	0番代 （量産車）	◯	◯	◯	◯	◯	◯		
	100番代 （6扉車·横浜線）						◯		
	900番代 （6扉車·試作車）						◯		
	500番代 （相模線）	◯	◯	◯	◯				
	1000番代 （JR西日本）	◯	◯	◯	◯				
改造車	1000番代 （南武支線）							◯	◯
	1100番代 （鶴見線）			◯					◯
	1200番代 （南武線）			◯	◯				
	3000番代 （八高·川越線）	◯	◯						
	3100番代 （仙石線）	◯	◯						
	5000番代 （武蔵野線VVVF）	◯	◯						
	600番代 （東北·日光線）	◯	◯	◯	◯				

第4章

205系のディテール

軽量ステンレス構造の車体、ボルスタレス台車、一段下降窓など、205系はぱっと見える部分だけでも画期的な系列だった。そこで、JR東日本で最後のオリジナル顔となった東北本線(宇都宮線)用のY12編成を取材させていただき、そのディテールを記録した。なお、Y12編成は2022年3月に営業運転を離脱し、同年4月に廃車回送された。

205系Y12編成の すべて

2022年3月12日ダイヤ改正で引退した宇都宮線・日光線用の205系。12編成が在籍した600番代のうち、Y11・Y12編成の2編成は埼京線から転属してきた車両で、JR東日本で最後の"オリジナル顔"の205系となった。引退を前に、Y12編成を細かく取材させていただいた。

写真・文 ● 髙橋政士、林 要介（「旅と鉄道」編集部）
取材協力 ● 東日本旅客鉄道株式会社
取材 ● 2022年1月6日　小山車両センター

国鉄 205系 通勤形電車

首都圏の路線に新製投入
郊外路線へ転属し長く活躍

　205系は全1461両が製造され、そのうちJR東日本では国鉄から承継した340両、JR東日本発足後に発注した1073両の、合計1413両の205系が在籍した。E231系が投入された2000（平成12）年前後から都市部の路線で順次転配が行われ、多くは短編成化改造されて郊外の路線に転属していった。

　その後、E233系の投入に伴い2010（平成22）年頃から209系やE231系の転配が始まり、首都圏に残る205系は抵抗制御車で残る路線に短編成化改造を施工して置き換えを進めるとともに、今度は205系自体の廃車も進んでいった。

国鉄 205系 通勤形電車

埼京線で16編成として運行していた頃のY12編成の種車。6扉車2両を含む10両編成だった。浮間舟渡　2003年11月17日　写真／高橋政士

国鉄 205系 通勤形電車

　2022（令和4）年3月ダイヤ改正では、E131系の投入により相模線の500番代、日光線、宇都宮線の600番代が引退し、2023（令和5）年3月ダイヤ改正時点で残るのは、鶴見線、南武支線、仙石線の3路線（乗り入れ先路線を除く）となった。この3路線はいずれも中間車から先頭車化改造された編成を使用していて、オリジナルの前面はJR東日本管内からすべて引退している。

最後になった首都圏の"顔" その全貌を記録する

　JR東日本管内で最後のオリジナル顔となったのは、宇都宮・日光線向けに改造された600番代の

うちY11・12編成の2本であった。そこで、引退を前にした2022（令和4）年1月6日に、小山車両センターでY12編成を取材させていただいた。

　この車両は埼京線で使用されていた川越車両センター16編成（クハ205-124以下10両編成）を、大宮総合車両センターにて2014（平成26）年2月13日付で600番代に改造のうえ、同日付で小山車両センターに配属された（右図参照）。

　取材時は、まだ営業列車に使用されていたが、同年3月12日ダイヤ改正で定期列車から離脱した。これにより、山手線をはじめ、横浜線や埼京線など、文字通り首都圏の"顔"であった電車の顔が、JR東日本の営業列車から姿を消した。

600番代に改造され、東北本線（宇都宮線）に充当されるY12編成。蒲須坂〜片岡間　2016年3月26日　写真／髙橋政士

川越車両センター（宮ハエ）16編成

←大宮・川越　　　　　　　　　　　　　　　　　　　　　　　　　新宿・新木場→

①	②	③	④	⑤	⑥	⑦	⑧	⑨	⑩
クハ204-124	サハ204-44	サハ204-31	モハ204-340	モハ205-340	モハ204-339	モハ205-339	モハ204-338	モハ205-338	クハ205-124
	（6扉車）	（6扉車）							

小山車両センター
（宮ヤマ）Y12編成

①	②	③	④
クハ204-612	モハ204-612	モハ205-612	クハ205-612

（宇都宮線）←小山　　　　　　　　　　宇都宮・黒磯→
（日光線）←日光　　　　　　　　　　　宇都宮→

クハ205形612号車の2-4位側（山側）。4位車端の窓がトイレ設置のため埋められている。

国鉄 205系 通勤形電車

クハ205-612

Y12編成の黒磯寄り先頭車（宇都宮基準）。埼京線時代は新宿寄り先頭車（赤羽基準）のクハ205-124だった。600番代への改造に際して車いす対応の大型トイレが設置され、4位車端の窓が埋められた。

クハ205形612号車の客室を、乗務員室側から見た様子。4位車端に大型トイレが設置されたため、貫通扉が半分隠れている。

クハ205形612号車の1-3位側（海側）。スカートは埼京線時代に設置されたが、電気連結器の追加で中央部分は形状が変更された。

1 密着連結器と電気連結器

床下機器 ※複数ある機器の名称はカメラ側から記載

↑ 海側

↓ 山側

← 黒磯

小山 →

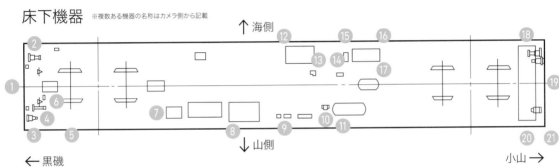

2 電気連結器（裏側）	3 連結締切装置	4 連結締切装置（裏側）	5 IDタグ	6 ATS-P車上子

7 ATS-SN車上子、救援ブレーキ装置、ジャンパ連結器箱	8 ATS-SN	9 倍率器(VR)、高圧ヒューズ(VF)、アーススイッチ(GS)	10 JMチリコシ	11 供給空気ダメ

12 ATS-P制御装置	13 複式逆止め弁	14 S抑圧装置、耐雪ブレーキ	15 変換器、C51Cブレーキ装置	16 C51Cブレーキ装置

17 二室空気ダメ（直通予備・制御）	18 水揚・汚物処理装置（海側）	19 密着連結器（中間）	20 水揚・汚物処理装置（山側）	21 ジャンパ連結器、密着連結器

モハ205形612号車の2-4位側(山側)。
前位寄りのパンタグラフは当初は霜取り
用だったが、後に通年で集電するように
なった。

モハ205-612

Y12編成で唯一パンタグラフを搭載する車両。隣のモハ204-612とは埼京線時代からユニットを組む。
600番代への改造に際してシングルアーム式パンタグラフに換装され、搭載数も2基に増やされた。

半自動ドアスイッチが設置され、
モケットが変更されたほかは、
床や袖仕切り、荷棚なども原
形を留めている。

モハ205形612号車の3-1位側（海側）。奥のクハ205-612とも埼京線時代からの組み合わせである。

床下機器 ※複数ある機器の名称はカメラ側から記載

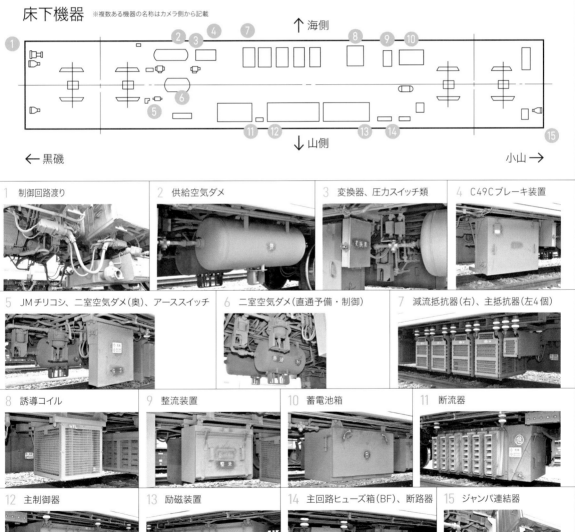

↑ 海側

↓ 山側

← 黒磯

小山 →

1	制御回路渡り	2	供給空気ダメ	3	変換器、圧力スイッチ類	4	C49Cブレーキ装置

5	JMチリコシ、二室空気ダメ(奥)、アーススイッチ	6	二室空気ダメ(直通予備・制御)	7	減流抵抗器(右)、主抵抗器(左4個)

8	誘導コイル	9	整流装置	10	蓄電池箱	11	断流器

12	主制御器	13	励磁装置	14	主回路ヒューズ箱(BF)、断路器	15	ジャンパ連結器

93

モハ204形612号車の2-4位側（山側）。帯色が湘南色に変更されたため、近郊形の211系のようだ。

モハ204-612

モハ205-612とユニットを組むM'車で、電動発電機や電動空気圧縮機などの機器を搭載する。
モハ204形は帯色の変更と半自動ドアスイッチが設置されたほかは、大きな変更点はない。

後位寄りから見た車内。モハ205形と同様で客室に大きな変化はない。乗降扉部分の蛍光灯には監視カメラが付く。

モハ204形612号車の3-1位側（海側）。600番代は小山寄り車端部（クハ204形のみ黒磯寄り）が優先席になる。

1　中間連結器

1　高圧配線用連結器

床下機器 ※複数ある機器の名称はカメラ側から記載

↑ 海側

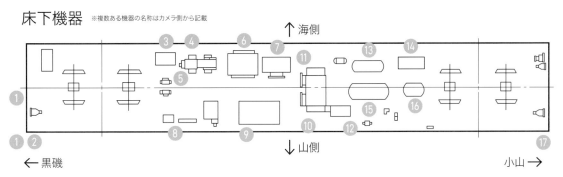

↓ 山側

← 黒磯

小山 →

国鉄 205系 通勤形電車

2　MM'間アース

3　除湿装置

4　コンプレッサ（CP）

5　除湿装置、コンプレッサ（裏側）

6　MG補助抵抗器

7　フィルター装置

8　三相元接触器箱、アーススイッチ、MG起動装置

9　自動電圧調整装置

10　電動発電機（MG）（山側）

11　電動発電機（MG）（海側）

12　MGフィルタ箱

13　第1元空気ダメ

14　C50Dブレーキ装置

15　二室空気ダメ（供給空気ダメ・第2元空気ダメ）

16　二室空気ダメ（直通予備・制御）、C50ブレーキ装置（裏側）

17　ジャンパ連結器

クハ204形612号車の1-3位側（山側）。スカートの設置や行先表示器のLED化は埼京線時代に行われた。

クハ204-612

Y12編成の小山寄り先頭車（宇都宮基準）。埼京線時代は川越寄り先頭車（赤羽基準）のクハ204-124で、6扉車のサハ204形と連結されていた。600番代への改造に際して寒冷地対策が施された。

クハ204形612号車の前位寄りから見た車内。トイレの設置がないため、クハ205形よりも原形を留めている。

クハ204形612号車の2-4
位側（海側）。トイレの設置
がないため、クハ205形よ
りも原形を留めている。

床下機器 ※複数ある機器の名称はカメラ側から記載

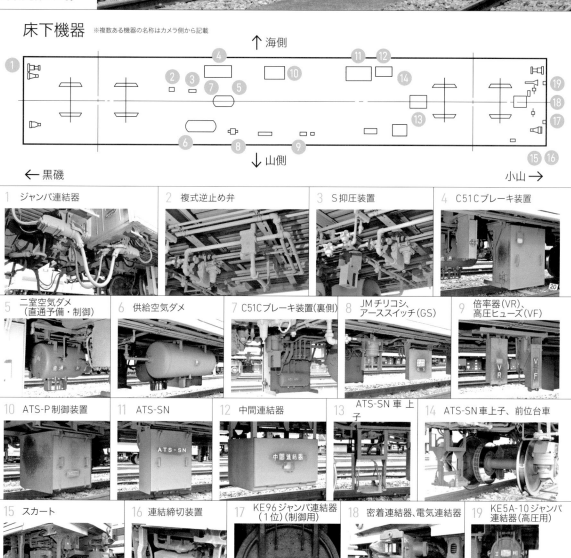

↑ 海側

↓ 山側

← 黒磯

小山 →

1 ジャンパ連結器	2 複式逆止め弁	3 S抑圧装置	4 C51Cブレーキ装置
5 二室空気ダメ（直通予備・制御）	6 供給空気ダメ	7 C51Cブレーキ装置（裏側）	8 JMチリコシ、アーススイッチ（GS）	9 倍率器（VR）、高圧ヒューズ（VF）

10 ATS-P制御装置	11 ATS-SN	12 中間連結器	13 ATS-SN 車上子	14 ATS-SN車上子、前位台車

15 スカート	16 連結締切装置	17 KE96ジャンパ連結器（1位）（制御用）	18 密着連結器、電気連結器	19 KE5A-10ジャンパ連結器（高圧用）

国鉄 205系 通勤形電車

乗務員室

2ハンドル式、アナログメーターが今や懐かしい運転台。通勤形電車にクラッシャブルゾーンが設けられる前なので奥行きは狭い。ATS-Pのモニターなど、後年に追加された装備も多い。

国鉄 205系通勤形電車

クハ204-612の運転台。ハンドルは左から前後進切換、マスターコントローラー、ブレーキ。表示器は左からモニタ表示器、速度計、圧力計。右の黒いモニターと表示器は後から追加されたATS-P用。

車掌用スイッチ類。上が運転席側、下が助士側。上から非常ブレーキスイッチ、再開閉スイッチ盤、車掌スイッチ。

クハ205-612の乗務員室全景。助士側の運転台上には追加された装備や常備品が多々見られる。

運転席の上にはEB制御装置が収まる。天井には信号炎管があるが、封印紙が貼られて単独では使用できない。

運転席側から助士側を見る。非貫通型なので乗務員室は広い。

助士側から運転席側を見る。所狭しとさまざまな装備が収まる。助士席の背後に追加されているのは音声接続装置。

上は行先表示器の設定器。LEDだが、営業列車は宇都宮線と日光線の行先のみである。下は室内灯、暖房（入）、冷暖房（切）、冷房（入）、扇風機（入/切）のスイッチ。

クハ204-612の運転台助士側。中央に見える「解放・運転・連結」のハンドルは電気連結器用で、600番代への改造時に追加された。

ATS-Pの設定をするモニター（タッチパネル）と表示器（上）。

運転に関するスイッチ類がまとめられている。左から戸締め連動、乗務員室灯、乗務員室予備灯、電気ブレーキ、EL計器灯、熱線入ガラス、温風暖房器、乗務員室暖房、標識灯、戸締め（左）、戸締め（右）、列車番号表示器、ATS EB元、ATS未投入防止開放、電動発電機リセット、限流値減、時刻表灯、ATS、EB、耐雪ブレーキ。

205系の特徴ともいえる運転台選択スイッチ。

客室

205系は通勤形電車なので、7人掛けのロングシートが連なる王道のレイアウトである。Y12編成は、埼京線時代とはモケットが変更されているものの、アイボリー色の壁面に茶色系の床という姿が継承されている。

座席は背もたれが赤色濃淡のストライプ、座布団はグレーとなっている。

上／モケットは3+1+3で色分けされた茶色系（中央の席が薄茶色）で落成し、2000年代に緑色系のものに変更。600番代への改造に際して赤色系のモケットに変更された。

下／クハ204-612の車端部に設けられた優先席。吊手が黄色いものに変更されている。201系までは連結面妻面に窓があったが、205系では廃止された。

クハ204-612の客室。袖仕切りは従来から変更されていない。
クーラーの吹出口はラインフロー方式で、扇風機に代わって採用された横流ファン（ラインデリア）も継続して使用されている。

上／クハ204-612の乗務員室背面。仕切りには扉のほか、壁面にも2枚の窓が設けられた。

下／客用扉の窓は、横浜線投入車（クハ205形では61号車）以降は天地方向に拡大され、明るくなった。ガラスの支持方式は201系と同じ押え金方式となっている。戸袋窓は廃止され広告枠が付いた。

クハ205-612の車端部には車いす対応の大型トイレが設置された。向かい側の座席は撤去され、車いすやベビーカーのスペースになっている。

多目的スペースに設置された非常ボタン。開けるとスイッチとスピーカーが出てくる。

クハ205-612の多目的スペースには手すりと暖房が設けられている。

側窓

205系の量産車からは、国鉄では157系や急行形グリーン車以来となる一段下降窓が採用された。窓はフリーストップで半分まで開けることができる。

窓を完全に閉め、カーテンを開けた状態。

窓を全開にすると、半分の位置でストップする。

カーテンを途中で閉められるのはここだけである。

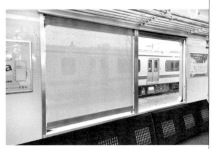

カーテンを全閉にした状態。

トイレ クハ205-612に設けられた大型トイレ。ドアの開閉はボタンで行う。
トイレはE233系3000番代に準じたものが備わる。

客室設備

通勤形電車なので目立つような客室設備はないが、当たり前と
看過するようなディテールも含めて、205系の細部を見ていこう。

貫通扉

貫通扉は手動式。ドアには写真の
ように引戸押え車（ローラ）で押さえ
られ、引戸ストッパに収めると開い
た状態で固定できる。

非常用ドアコック

無闇に操作すると鉄道営業法で罰せられ
るため、実物を見る機会はなかなかない
非常用ドアコック。ロングシートの端部
に赤く囲われた蓋があり、開けると写真
のように赤く塗られたコックがある。くれ
ぐれも、無闇やたらに操作しないように。

荷棚はパイプ状のもの。落成時のものが現在まで使われている。

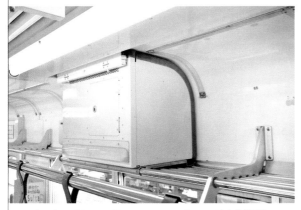

先頭車の2位側にある荷棚上に設けられたデジタル列車無線機器箱。この部分のみ荷棚を使用できない。

行先表示器の裏側。幕や蛍光灯を交換する場合は、この部分を開閉する。

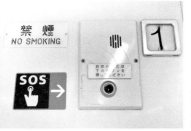

クハ204-612の妻板上部にある非常ボタン。その脇にある「禁煙」のプレートが昭和らしい。

座席部分の吊手は円形(上)。後から設置された乗降口部分の吊手は三角形のもので、設置箇所がやや高い(下)。

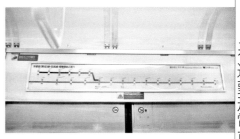

戸締め装置は101系以来のST式が客用扉上に収まる。LED表示器はなく、現在も紙の停車駅案内を収める額がある。

クハ204-612の妻板上部。大きな箱はATS。円形のものは埼京線時代の防犯カメラ設置箇所で、現在は蛍光灯部分に小さなカメラが付くため撤去された。

600番代に改造された際に設置された半自動ドアスイッチ。夏季の冷房使用時にも省エネ効果がある。

外観

国鉄初のステンレス製車体の量産車となった205系。素材が変わっただけでなく、錆びにくい特性を生かして変更された部分もある。細部を見るほど、現在のE235系へと連なるステンレス車の原点にあることが分かる。

行先表示器と列車番号表示器。もともとはどちらも幕式だったが、埼京線時代に単色LEDに変更された。

上／運転席側の前面窓にワイパーを2基装備。ワイパーの腕とウォッシャーにカバーが付くのは、埼京線仕様にのみ追加改造された特徴的なディテール。

下／前面窓の下にある手すりは落成時から付いているもの。3分割されたレイアウトは201系と同様である。前照灯まわりの帯部分は、前面補強を兼ねたパネルが装着されているのが分かる。

201系から踏襲されたブラックアウトした前面窓まわり。上に向かって傾斜する配置は73系全金車から続く、国鉄通勤形電車のスタイルだ。

前部標識灯・後部標識灯は外嵌め式。内側にヒンジがあって、外側のネジを緩めることで開閉できる。

ヒンジ側　　　　　　　ネジ側

上／ステンレスは錆びにくい特性を生かし、国鉄では急行形グリーン車以来となる一段下降窓を採用。昭和63年2次車（クハ205形では68号車以降）は外からも開閉できるように側窓の外側に手掛けが付いた。

モハ205形のみ幕板部に設置されている事故表示灯。高速度減流遮断器が開放している時に点灯する。取材時はパンタグラフを上げて運転整備を始める状態なので点灯している。

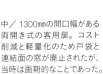

中／1300mmの開口幅がある両開き式の客用扉。コスト削減と軽量化のため戸袋と連結面の窓が廃止されたが、当時は画期的なことであった。

600番代になって追加設置された半自動扉押ボタン。E233系3000番代と同様の大きな押ボタンのタイプである。

下／クハ205形は、600番代への改造に際して4位にトイレが設置された。側窓が埋められたが、ステンレス無塗装で溶接ができないため、ステンレス板をネジ止めしている。トイレの下には真空式の汚物処理装置が設置された。

側面の行先表示器。宇都宮・日光線の600番代のうち、京葉線からの転属車は幕式だが、埼京線からのY11・12編成は単色LED式になる。

車番や所属の車体表記は、国鉄書体が踏襲されている。よく見ると、埼京線時代の文字を剥がした跡が見える。

屋上機器

205系は屋根もステンレス製で、ビード押し出しプレス加工がされている。両脇には雨ドイと歩み板がステンレス製の一体構造で付く。通風器が並ぶ屋根上は、今や希少な存在となった。ユニットクーラーはAU735系列を中央に1基搭載する。

クハ204-611の屋根と前面の接合部。前面はステンレス製だが、外周はFRP製を額縁状に処理したものを車体に接合。さらに隙間がシールされている。

元京葉線のクハ205-610（Y10編成）の屋根と前面の接合部を比較する。通常顔は屋根部分が別体となっているが、"メルヘン顔"は一体となっている。

クハ204-611の屋上。先端には列車無線アンテナ（左）と信号炎管（右）を備えるが、信号炎管は使用されていない。雨ドイの先端には雨水が溢れないようにカバーがある。

クーラー

205系のクーラーは屋根の中央部にAU75Gを搭載する、国鉄の通勤形電車ではおなじみのスタイルで登場したが、Y11編成では改良型のAU735系列を搭載していた。

Y10編成のモハ204-610（写真）、モハ205-610が搭載するAU735C。

クハ204-611が搭載するAU735A。

モハ204-611（写真）、モハ205-611、クハ205-611が搭載するAU735A-G2。

パンタグラフ

205系600番代のパンタグラフはシングルアーム式のPS33Fに載せ替えられている。屈折部が内側を向くのは、パンタグラフの解錠装置の紐を車端部に設けるため。

モハ205-611のパンタグラフを4位側から見た様子。もともとパンタグラフが搭載されていた部分なので、屋根にはビードがない。

600番代への改造に際して追加されたパンタグラフを、2位側から見る。もともとはパンタグラフがない場所なので、屋根にビードがある。当初は冬季の霜取りに使用していたが、後に通年で集電するようになった。

4位側の配管類。配管と幌の間に見えるのが解錠装置。

通風器

205系が登場した頃の通風器は鉄製だったが、増備途中（クハ205形では89号車以降）はステンレス製に変更された。JR東日本の通勤形電車では209系以降は通風器がないので、懐かしい装備になった。

クハ204-611の通風器。元はクハ204-125なのでステンレス製である。屋根にはカバーの取付座でネジ止めされている。

Y10編成モハ204-610（元モハ204-316）の通風器は改良型で、ステンレス製だが落下防止のバンドが追加されている。

小山車両センターの引退ヘッドマーク

2022年3月12日ダイヤ改正で、宇都宮線・日光線の205系は引退した。小山車両センターでは205系の引退を記念するヘッドマークを作成。Y2編成（日光線色・メルヘン顔）、Y8編成（湘南色・メルヘン顔）、Y12編成（湘南色・原形顔）に、小山寄り、黒磯寄りでそれぞれ異なるデザインのマークが掲出された。

COLUMN

Y12編成　クハ205-612
矢板～野崎間　2022年3月9日
写真／高橋政士

Y12編成　クハ204-612
蒲須坂～片岡間　2022年3月9日
写真／高橋政士

Y2編成　クハ204-602
宇都宮　2022年2月20日　写真／岸本 亨

Y2編成　クハ205-602
2022年2月27日　写真／Photo Library

Y8編成　クハ205-608
矢板～野崎間　2022年3月11日
写真／高橋政士

Y8編成　クハ204-608
矢板～野崎間　2022年3月11日
写真／高橋政士

第5章

205系の足跡

山手線でデビューした205系は、続いて東海道山陽緩行線に投入され、国鉄分割民営化後はJR東日本とJR西日本で増備が続いた。特にJR東日本では首都圏に多々ある103系を置き換えるため、横浜線、南武線、埼京線など、多くの通勤路線に投入された。さらに2000年代になると他路線への転出もあり、活躍の場は仙石線にまで広がった。ここでは205系が定期運用された路線を、懐かしい写真とともに紹介する。

文 ● 松尾よしたか

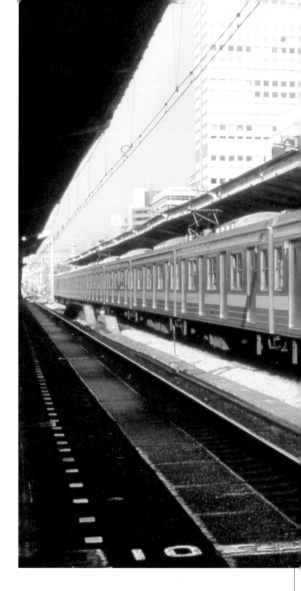

205系が
デビューした路線
山手線

運行区間　全線
運行期間　1985～2005年
編　　成　10両・11両

期待の新型電車が登場
量産車が加わり置き換え

　軽量ステンレス車体、界磁添加励磁制御、ボルスタレス台車といった新技術を満載した、画期的な通勤形電車205系の営業運転は、1985（昭和60）年3月に山手線で始まった。その時投入されたのは2段の側窓が特徴の量産先行車（1次車ともいう）10両編成4本。従来の103系の塗色でおなじみだったラインカラー、ウグイス色の帯が車体に巻かれた。

　続いて同年7月から側窓が1段下降窓の量産車を投入。このグループは2次車とも呼ばれる。1987（昭和62）年4月の国鉄分割民営化時点で、山手線の205系は量産先行車と量産車を合わせて10両編成34本の布陣となっていた。JR東日本へ移行してからは、翌88（昭和63）年までにさらに20本が加わって山手線の103系の置き換えを完了した。また、山手線では全編成の205系化によって、全車冷房化が実現したことも特筆される。103系は1970（昭和45）年に初の冷房車が登場したが、それから18年を経てもまだ非冷房車が残っていたのである。

6扉車を加え11両編成に
20年でE231系に交代

　時代が昭和から平成に変わり、次なる新たな動きが始まったのは1990（平成2）年のこと。慢性的なラッシュ時の混雑に対応し、駅における乗降時間を短縮すべく6扉車サハ204形を導入したのである。初めは試作車を2両製造して試験運用で編成中の連結位置を検討し、内回り基準で前から2両目に6扉車を加えて11両編成化することに決定。翌年にサハ204形が量産され、山手線の205系全編成が6扉車を含む11両になった。なお、山手線に新製配置された10両編成54本のうち1本は、6扉車追加が始まる前に埼京線に移っている。

　その後もう1本が埼京線に移り、山手線の205系は6扉車を含む11両編成52本という体制が続いたが、2002（平成14）年にこの路線からの撤退が始まった。後継となったのはE231系500番代で、2005（平成17）年5月に置き換えを完了。205系デビューの地である山手線での活躍期間は20年。やや短く感じるが、決して耐用限度に達したわけではない。若干数の付随車が廃車になった以外、埼京線、横浜線、京葉線、武蔵野線、南武線、鶴見線、八高線、仙石線に移って新たな活躍を始めた。

山手線には、まず量産先行車4本が投入され、側窓の形状で識別できた。写真は第2編成。
東京　1985年10月19日　写真／大那庸之助

転用に際し改造が行われた車両もあるが、これだけ多くの線区に受け入れられたのは、205系の汎用性の高さの証しと言える。また、ステンレス車体への山手線のラインカラー装着、6扉車といった要素は205系からE231系500番代に受け継がれた。

1996年から山手線の205系にもスカートが装着され、顔つきが変わった。　写真／長谷川智紀

1990年から連結された6扉車。ラッシュ時は座席が格納されることも話題となった。サハ204-51　田端　写真／高橋政士

JR発足後に新製投入
横浜線

運行区間　全線＋根岸線全線
運行期間　1988〜2014年
編　　成　7両・8両

2色の帯を巻いて登場したマイナーチェンジ版

　山手線に続きJR東日本で205系が2番目に投入されたのが横浜線で、第一陣として7両編成7本が1988（昭和63）年10月に運用を開始した。横浜線で当時活躍していた103系も、その前の世代で1979（昭和54）年まで運用された吊掛式駆動の旧型国電73系も、他線区から転属した「お下がり」だった。それに対し205系は晴れて新製車が配置されたところに、首都圏の通勤輸送におけるこの路線の重要度が高まったことがうかがえる。

　横浜線用の電車には、横浜から根岸線に乗り入れる運用もある。根岸線は直通運転している京浜東北線とともにATCが採用されているので、横浜線用の205系には山手線用と同様にATC機器が搭載された。

　機能面では山手線用に準じているが、横浜線用には変更点もある。まず、3次車と呼ばれる仕様になり、客用扉の窓が拡大されたのが目立つ。そして、車体の帯には新しいカラーが採用された。横浜線の103系の塗色は山手線と同じウグイス色で、根岸線に乗り入れた際、乗客はスカイブルーの京浜東北線と容易に見分けられた。205系では帯の色で路線が識別できるのだが、横浜線の帯はウグイス色と濃いグリーンの2色という専用カラーになった。

利用客の増加に合わせて6扉車を追加連結

　横浜線への205系投入は翌1989（平成元）年2月まで続いて7両編成25本がそろい、この路線の103系の置き換えを完了した。そして、輸送需要増加に対応すべく、1994（平成6）年から6扉車が編成に追加された。連結位置は磯子側から2両目で、編成は8両になった。また、6扉車導入と前後し、ほかの線区からの3編成の転入があり、うち2本はドアの窓が小さい2次車である。最終的に8両編成28本、うち27本に6扉車連結という布陣になった。

　こうして沿線の宅地化が進んで利用者が増加した横浜線の輸送を担ってきた205系だが、後継として新製されたE233系に置き換えられて2014（平成26）年にすべて引退した。ちなみに、横浜線用のE233系は専用仕様で6000番代と区分され、205系から車体の2色の帯を受け継いでいる。

投入間もない頃の横浜線の205系。スカートはなく、行先表示器は幕式だった。正面向かって右上には列車種別表示器が追加され、
赤地の「快速」を表示している。クハ204-71　山手　1989年9月2日　写真／大那庸之助

横浜線では1994年からスカートを装着。誤乗車防止のため、
2002年から行先表示器の地色が緑色に変更された。当初は
白文字だったが、視認性が悪く黒文字に変更された。相原
写真／高橋政士

2003年から行先表示器がLEDに変更された。2014年8月23日を
もって横浜線での営業運転を終了。103系時代に掲げていたヘッド
マークをモチーフにしたラストランマークがH1編成に掲げられた。
菊名　2014年8月6日　写真／富井信浩

通勤需要の増加に合わせて投入

南武線

運行区間　全線（川崎〜立川）
運行期間　1989〜2016年
編　　成　6両

103系の置き換えに
3番目に新製投入

　東日本で3番目に205系が投入されたのは、南武線（ここでは川崎〜立川間を指し、浜川崎〜尻手間の通称南武支線は別項で扱う）である。それまで運用されていた103系を置き換えるべく、まず1989（平成元）年3月に新製の6両編成3本が営業運転を開始した。他線区には乗り入れず、ATC機器は搭載していない。

　また、この路線の103系の塗色はカナリヤ色だったのに対し、205系の車体の帯には窓の上が黄色、窓の下がオレンジ＋ブドウ色2号という独自のカラーを採用。翌年まで増備されて6両編成16本がそろったが、すぐに1本は中央・総武緩行線に移った。横浜線と同様に他線区からの「お下がり」ではなく、新製車が配置されたのが画期的で、やはり通勤路線として重要度が増したことが実感された。

　それからしばらく、新製の6両編成15本が南武線で活躍し、2002（平成14）年に投入が再開されるのだが、その際は新製ではなく他線区からの転入でまかなわれた。

　まず、山手線の編成から中間車5両を外した6両編成12本が翌年までに入線した。

横浜線に続く新製投入は南武線で行われた。当初はスカートがなく、行先表示器、運行番号表示器は幕式だった。矢向　写真／中村 忠

続く転入車は改造先頭車
バリエーションが多彩に

　続く増備では、山手線から撤退した編成を短くして転用した際に余った中間車が活用された。これは、サハを先頭化改造したクハを両端にし、中間に4両のモハを挟んだものである。改造後の先頭車は川崎向きがクハ205形、立川向きがクハ204形で、ともに1200番代と区分された。この仕様で6両編成6本が2004（平成16）年から翌年にかけて出そろった。クハ1200番代を含む編成のうち1本は、2009（平成21）年に4両に短縮のうえ仙石線へ転出

し、その際に外された中間車2両は南武線の別の編成で事故廃車となった中間車の補充に活用された。
　その後、2014（平成26）年に横浜線の編成から中間車2両を抜いた6両編成1本が転入して6両編成33本の布陣になった。南武線では全編成を205系に統一するには至らず、103系や209系と共存しながら推移した。そして、同年のうちに後継となるE233系8000番代の新製投入が始まり、205系は2015（平成27）年にすべて撤退した。ちなみに、E233系の新製投入はその後も続いて209系もすべて置き換え、南武線の形式が統一された。

南武線の
205系
3タイプ

新製投入された205系0番代は、天地方向に大きい客用扉の窓が特徴。写真の編成はパンタグラフがシングルアーム式に交換されている。
府中本町　2014年1月14日
写真／高橋政士

山手線から転属した0番代は、前面は新製投入車と同じだが、客用扉の窓が小さい。
府中本町　2007年6月2日
写真／高橋政士

山手線から転属した0番代のうち、中間車のみで組成された編成は、サハ205形がクハ205・204形の1200番代に改造された。
矢野口　2007年10月30日
写真／高橋政士

6扉車が加わった
新しい通勤路線

埼京線・
川越線

運行区間　埼京線全線、川越線大宮～川越、
　　　　　りんかい線全線
運行期間　1989～2016年
編　　成　10両

開業から4年目に
205系を新製投入

　埼京線は埼玉県と東京都心部を結ぶ新たな通勤路線で、新規開業の赤羽～大宮間と赤羽線および山手貨物線を合わせての運行となっている。最初は1985（昭和60）年9月に池袋～大宮間が開業し、同時に電化した川越線大宮～川越間への直通運転も開始した。この時点で投入された電車は山手線から転用の103系である。翌年3月には営業区間の南側が新宿とされ、1989（平成元）年7月に205系新製車の投入が始まった。205系は埼京線用のATCに対応した10両編成で車体の帯はダークグリーンになって並行する山手線との識別を容易にした。翌90年11月までに新製の23本と、山手線および中央・総武緩行線から転入の2本がそろい、103系の

置き換えが完了した。

その後、埼京線の営業区間は1996（平成8）年3月に恵比寿まで延び、さらに2002（平成14）年に大崎まで達して同時に東京臨海鉄道りんかい線との直通運転も始まった。そして、区間延長に伴う所要数増加に対応し、山手線、京浜東北線、中央・総武緩行線からさらに7本の編成を迎え入れている。

首都圏屈指の混雑路線に6扉車を2両連結

埼京線もラッシュ時の混雑は深刻で、6扉車を導入することになった。連結位置は川越側から2・3両目で、編成は10両のままである。新製で配置された編成には2008（平成20）年までに山手線で余剰となった6扉車2両を組み込んで、従来連結され

ていたサハ2両を外した。転入した編成のうち元山手線の1本は6扉車が2両組み込まれていたが、それ以外は6扉車なしのままとしている。6扉車を連結した編成は、前面に識別のステッカーが貼られた。

埼京線・川越線大宮～川越間用の205系の配置は川越車両センター（2004〈平成16〉年に川越電車区から改称）で、りんかい線まで乗り入れた。他社線で定期運転する205系はこれが唯一だったことが特筆される。

埼京線のエースとして君臨し、山手線がE231系化されてからも都心部で元気な姿が見られた205系だが、後継のE233系7000番代の投入が2013（平成25）年に始まり、2016（平成28）年10月に運用が終了した。ちなみにE233系も10両編成だが、6扉車は連結されていない。

新宿駅に入線する205系。6扉車を連結する編成は、前面窓の左下に「6DOORS」のステッカーが貼付された。新宿　2011年10月24日
写真／松尾よしたか

埼京線の恵比寿延伸を前に、試運転をする205系。写真は山手線からの転入車で、埼京線の表示はステッカーだった。　五反田
写真／髙橋政士

埼京線は大崎まで延伸され、さらにりんかい線に直通するようになった。LEDの行先表示器には「新木場」と表示する。原宿　2015年6月2日
写真／富井信浩

計画外の投入となった中央・総武緩行線の205系。
写真はスカート装着後。津田沼　写真／中村 忠

少数派で終わった
カナリヤ色帯の編成

中央・
総武
緩行線

運行区間　全線
運行期間　1989〜2001年
編　　成　10両

事故廃車の補充で
急きょ投入された黄色帯

　東京都心部を東西方向に横断し、三鷹と千葉の間で各駅停車を運行する中央・総武緩行線では、1989（平成元）年8月に205系が登場した。新製車で10両編成2本が投入されたのだが、これはもともと計画していたものではなく、当時使用していた103系と201系のうち各1編成が事故で廃車となり、その補充という位置付けだった。2編成は埼京線用として製造中だったため、運転室と客室の仕切はATC対応の位置になっているが、ATC機器は搭載されていない。車体の帯はこの路線で101系、103系、201系と受け継がれてきたラインカラー、カナリヤイエローである。

　2本の編成のうち1本は、翌90年に元々予定されていた投入先である埼京線に移り、しばらくは1本の孤軍奮闘が続いた。1993（平成5）年に京浜東北線および南武線からの転用車により3本が加わったが、さらなる勢力拡大には至っていない。そして、2001（平成13）年11月をもって中央・総武緩行線から205系は撤退した。

山手線と併走する京浜東北線だが、205系の活躍は短期間だった。帯色は京阪神地区の東海道・山陽緩行線と同じ。田端〜西日暮里間　写真／長谷川智紀

209系の投入で
短期間で終了

京浜
東北 線・
根岸 線

運行区間　全線
運行期間　1989〜1996年
編　　成　10両

少数が「中継ぎ」として
7年間活躍

　首都圏の代表的な通勤路線のひとつ、京浜東北線は根岸線と直通し、スカイブルーに塗装された103系が長く活躍した。その103系の牙城を崩すべく、1989（平成元）年10月から205系の新製車が投入された。ATC機器を搭載し、車体の帯はスカイブルーを受け継いでいる。ドアの窓が大きい3次車だが、編成の内容は6扉車導入以前の山手線と同様である。根岸線には横浜線から直通する205系も乗り入れたが、ラインカラーの車体帯により利用者は容易に識別できた。

　待望の新形式登場となったのだが、勢力は大きくならず、翌90年に10両編成6本がそろったところで増備が終了した。その頃すでにJR東日本では次の世代の通勤形電車を開発中で、まず試作車901系が1992（平成4）年に落成し、翌年には209系として量産が始まった。京浜東北・根岸線の電車は209系に統一することになり、205系の編成6本は1993（平成5）年から1996（平成8）年にかけて他線区へ転出していった。

京葉線といえば、既存の205系よりもソフトな顔つきの "メルヘン顔"。
後年はスカートが追加され、オリジナルよりもやや硬い表情になった。
南船橋　2010年10月23日　写真／高橋政士

新しい顔で
新製投入
京葉線

運行区間　全線、内房線（蘇我〜上総湊）、
　　　　　外房線（蘇我〜上総一ノ宮）
運行期間　1990〜2011年
編　　成　10両

"メルヘン顔" でイメージを一新

　京葉線は東京湾沿いに東京と千葉方面を結ぶ新路線で、旅客営業はまず1986（昭和61）年3月に西船橋〜千葉港（現・千葉みなと）間で開始した。その時点ではスカイブルー塗色の103系を使用してい

たが、2度にわたる延伸で1990（平成2）年3月に東京〜蘇我間が全通した際、205系が新製投入された。
　京葉線向けの205系の基本仕様は横浜線向け以降の新製車に準じているが、いくつかの変更点がある。まず、前面は白いFRPを用いて意匠を新たにした。優しさ、可愛らしさが感じられ、通勤客に加え舞浜駅近くに立地する東京ディズニーランド®への行楽客を輸送する路線にふさわしく、いつしか"メルヘン顔"というニックネームで親しまれるようになった。車体の帯のラインカラーにはワインレッドが採用された。
　また、長いトンネルに対応した難燃化など、新たな要素が盛り込まれている。ATC機器はなく、新製配置されたのは10両編成12本である。京葉線では内房線と外房線への直通運転もあり、その後両線で最高運転速度を110km／hに引き上げたのに対応し、205系はブレーキが強化された。この路線で

当初はスカートがなく、前面の丸みがより際立っていた。ワインレッドの帯色も斬新だった。行先表示器には折り返し列車の快速「マリンドリーム」を表示。
蘇我　写真／中村 忠

山手線から転入した205系のうち、量産車の編成。側窓が一段下降窓で、客用扉の窓が小さい。中央・総武緩行線からの転入車は客用扉の窓が大きかった。葛西臨海公園　2009年3月21日　写真／高橋政士

山手線から転入した量産先行車は、下段上昇上段下降の側窓が特徴。スカートは山手線時代に装着済み。帯色をワインレッドに変更した。奥にスカイブルーの201系が見える。蘇我　写真／高橋政士

はワインレッド帯の205系とスカイブルー塗色の103系がしばらく共存し、その後201系や209系500番代などの電車も加わっている。

山手線の量産先行車も京葉線に転入

　21世紀に入り、2002（平成14）年から2005（平成17）年にかけ、中央・総武緩行線から1本、山手線から6本、いずれも10両編成が京葉線に転入した。これらは帯の色をワインレッドに改めたが、前面は"メルヘン顔"ではなく、110km/h対応のブレーキ強化もしていない。山手線からの転入車には側窓が下段上昇上段下降の量産先行車も含まれていた。

　その後、2007（平成19）年に2本の編成が武蔵野線に転用され、やや勢力を縮小した。ちなみに、京葉線用も武蔵野線用も京葉車両センターに配置され、それぞれの編成は10両と8両で運用は区別され

ているが、武蔵野線用の車両も京葉線に乗り入れる。2010（平成22）年に京葉線向け新型電車E233系5000番代の投入が始まり、翌年7月にこの路線でも205系の運用が終了した。

新浦安駅で並ぶ京葉線の205系（中央）と103系（奥）、武蔵野線から乗り入れる103系（手前）。京葉線はワインレッドのステンレス車とスカイブルーの鋼製車、さらにオレンジバーミリオンの武蔵野線が走り、形式も205系、103系のほか201系、209系500番代などが同時代に走り、カラフルでにぎやかだった。新浦安　2000年12月19日　写真／高橋政士

武蔵野線への新製投入車は、乗り入れ先の京葉線と同じ"メルヘン顔"。お面は車体と同じシルバーで塗装された。武蔵野線と京葉線は踏切がないため、"メルヘン顔"の編成は、最後までスカートを装着しなかった。
市川大野　2007年10月4日　写真／高橋政士

VVVFインバータ制御車がラインナップ

武蔵野線

運行区間　全線、京葉線（東京～西船橋・
　　　　　西船橋～幕張本郷）
運行期間　1991～2020年
編　　成　8両

銀色の"メルヘン顔"
3色帯で新製投入

　東京の外側の環状路線である武蔵野線はもともと貨物輸送が主体だったが、沿線の開発が進んで旅客の利用需要が増加し、1991（平成3）年12月に編成を6両から8両に増強することになった。この時、205系の8両編成5本が新製で投入された。

　武蔵野線向けに新製された205系には、いくつかの特徴がある。まず、前面は京葉線用の"メルヘン顔"と同様の形状だが、FRP部分の色を白から銀に改めている。そして車体の帯には、オレンジ、白、ブドウ色2号の3色を使用。京葉線への直通運転を行い、急勾配がある区間を通るのに対応し、中間の6両がすべて電動車という強力な8両編成になった。ATC機器は搭載せず、京葉線に乗り入れるものの同線用の編成と異なり、110km/h運転には対応していない。205系が編成として新製されたのは、この時の武蔵野線向けが最後となり、以後新製されたのは横浜線向けのサハ205-232と6扉車サハ204形のみである。

VVVF制御に改造し
小さなMT比で転属

　その後、武蔵野線に残っていた103系を置き換えるため、2002（平成14）年からさらに205系が投

205系のオリジナル顔で、客用扉の窓が小さい山手線からの転属車。スカートは山手線時代に装着済み。　東浦和　2012年4月28日　写真／松尾よしたか

武蔵野線へは6両編成から8両編成へ増結する時期に投入されたため、初期は前面窓に「8CARS」のステッカーを貼付していた。北朝霞
写真／長谷川智紀

貨物線を経由して大宮と八王子を結ぶ「むさしの号」の205系が、中央線快速のE233系と並ぶ。もし中央線快速に205系が投入されていたら、こんな感じだったのだろうか……。写真のM52編成は南武線からの転属車で、客用扉の窓が大きい。八王子　2018年1月24日　写真／富井信浩

入された。今度は新製車ではなく、山手線などからの転入車でまかなうことになったのだが、ここで問題が生じた。前述のように武蔵野線では急勾配への対応が必要だが、転入車では電動車が不足する。そこで、VVVFインバータ制御への改造によりパワーアップした電動車ユニット、モハ205形＋モハ204形の5000番代が登場した。編成中の中間車はこのユニットが2組と、サハが2両である。

　モハの5000番代を含む転入車の編成が2006（平成18）年までに35本そろったほか、武蔵野線用に新製された編成のうち1本の中間車がモハ5000番代のユニット2組とサハ2両に差し替えられた。また、転入車で5000番代に改造していない中間電動車6両を含む編成も3本加わった。転入車は客用扉の窓の大きさが異なる2次車と3次車が混在し、前面はFRPを額縁状とした普通の形状である。なお、武蔵野線の205系の当初の配置は豊田電車区だっ

たが、2004（平成16）年3月に京葉車両センターへ移管された。この路線の205系は他線区から転入の209系とE231系に置き換えられ、2020（令和2）年10月に撤退した。

山手線からの転入に際し、界磁添加励磁制御からVVVFインバータ制御に改造され、モハ205・204形は5000番代になった。写真はトップナンバーのモハ205-5001。市川大野　写真／中村 忠

助士側の前面窓が、非常用扉のように縦にデザインされた相模線用の500番代。パンタグラフがシングルアーム化され、前照灯がLEDに交換されている。海老名〜入谷間　2021年8月31日　写真／高橋誠一

個性あふれる
専用仕様500番代
相模線

運行区間　全線、横浜線（橋本〜八王子）
運行期間　1991〜2022年
編　　成　4両

電化完成に際し
専用仕様を新製投入

　神奈川県内の茅ケ崎と橋本を結ぶ相模線は長く非電化だったが、沿線の開発が進んで利用者が増え、1991（平成3）年3月に電化された。その際に投入されたのは、205系を専用仕様にアレンジした500番代、4両編成13本である。最大の特徴は前面の意匠で、曲面で向かって左の窓が下方に大きく拡大され、左右裾のケースに収まったライトと合わせ斬新な印象になった。また、205系の新製車で初めて、前面にスカートが装着された。相模線は単線で、行き違いのため駅の停車時間が長くなるケース

があるので、冬期の寒さ対策でドアを半自動式にしてある。ATC機器は搭載していない。

　205系500番代は電化後の相模線ですべての定期旅客列車を受け持ち、横浜線にも乗り入れている。ほかの路線では205系の転属や編成の組み替えの例が多いが、相模線ではそのようなことがなかった。

　新製時以来、同じメンバーによる活躍が30年以上にわたって続いたが、ついに引退の時がやってきた。後継のE131系が2021（令和3）年11月に営業運転を開始し、2022（令和4）年3月に205系500番代の置き換えを完了した。

電化工事が完成し、試運転をする205系（右）。それまでは左のキハ30系が輸送を担っていた。相武台下　1991年　写真／長谷川智紀

モハユニットに運転室を設けた、205系では最小単位の編成で走る南武支線。現在はパンタグラフがシングルアーム式に交換され、側帯に楽譜がモチーフの柄が入る。川崎新町　2007年8月1日　写真／高橋政士

中間車を
先頭車化改造

南武支線

運行区間　全線（尻手～浜川崎）
運行期間　2002年～
編　　成　2両

都会の片隅を走るミニ編成

　南武線のうち浜川崎と尻手の間の枝線は南武支線と通称され、川崎～立川間とは運転系統が分かれている。国鉄で17m級の旧型電車と交代した101系の2両編成が、JR東日本になってからも活躍を続けた。しかし、21世紀になると101系も引退の時期を迎え、置き換え用の電車が必要になった。

　ここで抜擢されたのは、当時盛んに行われてい

た205系の路線間転用に際しての編成短縮で余った中間電動車である。モハ205形とモハ204形のユニット3組が、先頭化およびワンマン対応の改造を受けてクモハ205形＋クモハ204形の1000番代、2両編成×3本となった。205系の先頭化改造はこの1000番代が最初である。

　種車は編成3本のうち2本が3次車、1本は2次車なので、客用扉の窓の形状が異なる。また、前面のデザインは新製の先頭車と異なり、その後の先頭化改造車に踏襲された。車体の帯は南武支線専用のカラーにしてある。2両編成は205系で最も短く、ほかの路線に同様の例はない。

　南武支線における205系の営業運転は2002（平成14）年8月に始まり、翌年11月に101系の置き換えを完了した。すでに20年近くこの区間で活躍し、今では鶴見線とともに東京近郊に残る最後の205系となっているが、新潟地区で使用されていたE127系2編成を転用改造し、2023年度中に置き換える計画が発表されている。

JR 最北の直流電化路線、仙石線を走る205系3100番代。東日本大震災で一部の路線が付け替えられ、この写真が撮影された2015年5月30日に全線復旧を果たした。東名　2015年5月30日　写真／高橋政士

205系が走る
最北の路線
仙石線

運行区間　全線
運行期間　2002年〜
編　　成　4両

寒冷地仕様に各部を改造
2WAYシート車も設定

　JR東日本の電化路線のうち、東北地方内はほとんどが交流2000V電化だが、仙石線は私鉄路線を買収したという生い立ちにより、直流1500V電化である。この路線で使用していた103系の後継に選ばれたのは205系で、2002（平成14）年11月に運用を開始した。

　仙石線用の205系は山手線や埼京線からの転用で、両端がサハを先頭化改造したクハで、中間にモハのユニット1組を入れた4両編成が2004（平成

16）年3月までに18本そろった。寒さや雪に対応し半自動ドアやドアレールのヒーター、耐雪ブレーキといった装備があり、石巻寄り先頭車にトイレを設置した専用仕様で、3100番代と区分。そして、2009（平成21）年10月に南武線の6両編成のうち2両を抜いた4両編成1本が転入した。この編成は両端が改造先頭車の1200番代だったが、4両とも仙石線仕様に改造のうえ3100番代に編入された。この編成の入線により、103系の置き換えが完了した。

　また、仙石線の205系編成のうち5本は、石巻寄り先頭車にロングシートとクロスシートに変換できる2WAYシートを備える。普通のロングシート編成の帯は濃淡ツートンの青だが、2WAYシート付き編成はラッピングまたは1両ずつ異なる色の帯によるカラフルな外観になっている。

2WAYシート車は、4両すべてで異なる帯色が特徴。写真は全線復旧を前に、付け替え区間を走る試運転列車。野蒜〜陸前小野間　2015年4月14日　写真／高橋政士

仙石線の郡山工場入場

文・写真／高橋政士
（2022年1月18日撮影・特記以外）

仙石線は元々が宮城電気鉄道であり、1925（大正14）年の開業当時から直流1500Vで電化されていた。1944（昭和19）年の国有化後も直流電化が維持され、その後、周辺の国鉄路線が交流電化された後も直流電化のままで、現在も山手線などから転用された205系が活躍している。

この205系が検査で郡山車両センターへ入出場する際には石巻線と東北本線を経由することになるが、石巻線は非電化、東北本線は交流電化なので205系は自走できない。そこで入出場の際には独特の手法が用いられる。

所属する仙台車両センター宮城野派出所から石巻駅までは自走による回送列車、石巻～小牛田間はDE10形、小牛田～郡山はED75形牽引の配給列車として運転される。出場の際も同様だが、仙石線内は検査後の試運転列車として運転されるのも大きな特徴だ。

機関車牽引となるため、205系の連結器は密着式から密着式自動連結器に交換されている。機関車牽引と共に、自走となる仙石線内でも注目の列車だ。

仙石線内を回送される入場列車。205系が密着式自動連結器とブレーキ管を備えるのは仙石線ならでは。車内にはブレーキ読替装置が搭載されている。並型自動連結器は取付部分が密着式連結器とは異なるため、密着式自動連結器が用いられる。手樽～陸前富山間

石巻駅におけるDE10形の連結作業。石巻駅では、パンタグラフが不用意に上昇しないように緊縛するなど、非電化、異電圧路線への乗り入れに備えた準備作業が行われる。連結作業完了後はブレーキ試験などが行われる。石巻

夕刻になり石巻駅を発車する入場配給列車。配給列車は仙石線側からは直接石巻線へ進出できないため、営業列車や貨物列車の合間を縫って、DE10形によって4番線に転線する。架線がない線路に電車が走るのは新鮮である。石巻

入場配給列車は東北本線内では通常夜間運転になるが、取材日は雪害による影響を避けるために、翌日の午前中に運転された。積雪の名撮影地「馬牛沼」を行くED75形757号機牽引の205系M11編成。越河～白石間　2022年1月19日　写真／佐々木一宏

明るいオレンジ色とウグイス色の2色帯を巻いた八高・川越線の205系3000番代。全編成が中間車からの先頭車化改造車であった。高麗川　写真／高橋政士

山手線から
編成短縮のうえ転身

八高線・
川越線

運行区間　川越〜高麗川〜八王子
運行期間　2003〜2018年
編　　成　4両

半自動ドアを備える
首都圏のローカル線を走行

川越線と八高線はもともと全線が非電化だったが、現在は前者の全線と後者の八王子〜高麗川間が電化されている。川越線は川越を境に運転系統が分離され、東側は埼京線と直通して10両編成、西側は八高線の電化区間と直通して4両編成が走る。

拝島〜高麗川〜川越間（以下、八高・川越線）に投入された205系は、山手線を引退した編成から抜き取った中間車を種車とし、両端がサハ改造のクハで中間にモハのユニット1組を挟んだ4両編成である。単線を走り、行き違いで停車時間が長いケースに備え客用扉が半自動化され、車体にはオレンジと黄緑の帯が巻かれた。この仕様の編成は3000番代という区分で、2003（平成15）年8月から2005（平成17）年1月にかけて5本が入線した。

205系投入時点の八高・川越線では103系と209系を使用していたが、2005年のうちに前者は撤退した。その後、205系がそのまま活躍を続ける一方で、209系は同系列同士でメンバーチェンジしている。そして、2017（平成29）年からE231系が転入し、205系は2018（平成30）年にすべて運用離脱し、3000番代が消滅した。

3両編成で運転される鶴見線の205系1100番代。海之浦行きは手前の分岐を曲がり、大川行き、扇町行きは直進する。浅野 2008年9月26日　写真／高橋政士

工業地帯を行く
改造編成

鶴見線

運行区間　全線
運行期間　2004年～
編　　成　3両

本線・支線ともに
3両編成で運転

　鶴見線は鶴見を起点とした私鉄買収路線で、扇町までの本線と、その途中で分岐する海芝浦支線と大川支線（いずれも通称）がある。かつて大川支線では17m級旧型電車の単行運転をしていたが、1996（平成8）年から本線、2つの支線ともに103系の3両編成に統一された。

　それから歳月が流れて103系も引退することになり、置き換え用に転入したのが205系である。その際、埼京線で6扉車と差し替えられたサハと、元山手線のモハのユニットを組み合わせ、両端を先頭化改造することで3両編成にした。両端はクハ205形とクモハ204形の1100番代になったが、中間のモハ205形は大きな改造を受けていないので改番されていない。なお、各編成とも種車はクハが3次車、モハとクモハが2次車で、大小のドア窓が混在する。また、車体の帯には専用のカラーが採用された。

　2004（平成16）年8月から翌年5月までに鶴見線へ205系3両編成8本が転入し、103系を置き換えた。以来、鶴見線の定期旅客列車は205系オンリーのまま現在に至る。列車は本線、2つの支線とも鶴見発着で設定されるが、行先表示器のLEDをそれぞれ異なる色にしてあるので、容易に識別することができる。

日光線用はレトロ調の帯色。前面はすべて"メルヘン顔"である。
今市～日光間　2018年3月6日　写真／高橋政士

国鉄 205系 通勤形電車

近郊電車の
エリアに進出

東北本線・
日光線

運行区間	東北本線（小金井～黒磯）、日光線（全線）、
運行期間	2013～2022年
編　成	4両

10年足らずで引退した
最新の205系投入路線

　2013（平成25）年、205系は栃木県にも進出した。配置は小山車両センターで、3月に日光線、8月に東北本線（宇都宮線）での営業運転が始まった。導入された205系は転入車による4両編成で、元京葉線と元埼京線のもの、それぞれ10本と2本がラインナップする。

　小山車両センターへの転入車は寒さ対策でドアの半自動化、ドアレールへのヒーター設置などの改造が行われ、600番代に改番された。また、転属に際し編成が短縮されたが、中間車の先頭化改造はなく、クハの前面は元京葉線が"メルヘン顔"、元

普通列車として乗車できる観光列車「いろは」。各車両とも中央2カ所の客用扉は埋められている。前面には常に専用のヘッドマークが掲げられていた。今市〜日光間　2022年3月11日　写真／高橋政士

小山車両センターに2編成あったオリジナル顔の205系のうち、取材した編成とは別のY11編成。205系引退後の小山以北の運用は、E131系とE231系・E233系の付属編成を経て、2023年3月18日ダイヤ改正でE131系に統一された。矢板〜野崎間　2016年3月21日　写真／高橋政士

東北本線用はE231系やE233系と同じ湘南色。写真は"メルヘン顔"の元京葉線編成。岡本〜宝積寺間　2017年5月27日　写真／高橋政士

埼京線が普通の形状である。ちなみに、各編成とも転入時に10両から4両に短縮され、外された6両はすべて廃車になった。

　編成のうち4本は日光線用、8本は東北本線用と区別され、車体の帯は前者がブラウン・ゴールド・クリームのレトロ調なのに対し、後者は同じ路線のE231系などと同じオレンジと緑の湘南色にしてある。また、日光線用の編成のうち1本は外装および内装を改め、2018（平成30）年4月から観光列車「いろは」として運転を開始した。

　JR東日本では最新の205系投入路線であったが、2022（令和4）年3月ダイヤ改正でE131系に置き換えられて両線とも引退した。

国鉄 205系 通勤形電車

1986年8月から投入された東海道・山陽緩行線。国鉄時代の新製車なので客用扉の窓は小さなタイプ。運行番号表示器は幕式だった。
大阪　1986年11月9日　写真／大那庸之助

2番目の投入路線は京阪神へ

東海道・山陽本線

運行区間　東海道・山陽本線（草津〜加古川）、
　　　　　湖西線（堅田〜山科）
運行期間　1986〜2006年、2011〜2013年
編　　成　7両

山手線に続いて投入された
スカイブルーの205系

　205系は1985（昭和60）年に山手線でデビューし、2番目の投入先となったのは関西の東海道・山陽本線、京阪神地区の緩行線である。2次車と分類

される側面窓が1段下降式で客用扉窓が小さいタイプで、7両編成4本が1986（昭和61）年8月に明石電車区へ配置された。

　車体の帯色は当時この緩行線を走っていた103系や201系のスカイブルーを踏襲したが、ステンレスの銀色との対比への考慮で、色調をやや明るくしてある。また、205系で初のATC機器非搭載となった。ちなみにこの時、205系投入で捻出した103系は関東および関西の路線に移り、さらに玉突きで関西本線で使われていた近郊形113系を、同年11月の福知山線宝塚〜福知山間電化に充てるという大がかりな転配が行われた。国鉄における西日本への205系投入はこれで終わり、28両がそのままJR西日本へ引き継がれた。

　運用は東海道・山陽本線の京阪神間および東西それぞれの延びた範囲に及び、湖西線にも乗り入れた。しかし、少数派だったためか活躍は長く続かず、JR西日本が投入した新型電車に置き換えられ、2005（平成17）年から翌年にかけ、全車が阪和線に転じた。阪和線での状況は別項で紹介する。

国鉄分割民営化では JR 西日本に承継されたが、東海道・山陽緩行線向けには増備されず、103系、201系とともに使用された。新大阪　1988年4月9日
写真／大那庸之助

国鉄時代に製造された JR 西日本の通勤形電車は、たいてい屋上のベンチレータが撤去されているが、205系0番代では設置されたままである。2012年1月10日　写真／富井信洁

東海道・山陽緩行線にカムバックした205系。321系や207系と同じ帯色に変更され、スカートを装着した。2012年1月10日　写真／富井信洁

東海道・山陽緩行線へ
帯色を変えて短期間の復帰

　こうしていったん東海道・山陽緩行線から姿を消した205系だが、2010（平成22）年に復帰を果たした。阪和線で6両と8両の編成に組み替えられていたのを元に戻したうえ、今度は宮原総合車両所の配置で緩行線京都〜尼崎間の運用に就いたのである。その際、車体の帯はJR西日本オリジナルの

新型車に準じたオレンジ・白・紺に改められた。

　思いがけないリバイバルとなったのも束の間、2013（平成25）年3月に東海道・山陽緩行線の運用から離脱し、中間車のうちサハを抜いて6両編成4本となり、改めて阪和線へ転じた。その後の検査入場の際、車体の帯は元のスカイブルーに戻され、さらに先頭車の前面と側面前端にオレンジの細いラインが2本追加された。外されたサハはしばらく保留車として残されたのち、廃車となった。

2014年から阪和線に再転入した0番代は、1000番代と最高速度が違うことを識別するため、前面にオレンジ色の細線が加えられた。2014年7月29日 写真／富井信浩

JR西日本独自の
改良型を新製投入
阪和線

運行区間　全線
運行期間　1988〜2018年
編　　成　4両、6両、8両

高速性能を高めた
1000番代が登場

　JR西日本が発足して間もない1988（昭和63）年、205系が阪和線に新製投入された。4両編成5本が落成し、オリジナル仕様の1000番代となった。性能面では最高速度110km/hに対応してブレーキなどを変更し、車体では前面窓のレイアウトを改め、客用扉も窓を拡大した。車体の帯は東海道・山陽緩行線と同じスカイブルーである。なお、のちにJR東日本で浜川崎支線用の改造車を1000番代とするが、こちらは先頭化改造のクモハ2両のユニットなので、JR西日本との車番の重複はない。

　JR西日本での205系増備はこれが最後となった。そして、2005（平成17）年に東海道・山陽本線の0番代7両編成4本が、6両編成と8両編成各2本に組み替えたうえで阪和線のメンバーに加わった。両数が一挙に倍以上になってしばらく活躍を続けたが、この路線にもJR西日本の新型車が入線し、0番代は7両編成に戻したうえ全車が2011（平成23）年に東海道・山陽本線に復帰した。

　こうしてまた阪和線の205系は1000番代オンリーになったのだが、翌年3月には再び東海道・山陽緩本線の0番代が移って来た。今度は各編成ともサハを抜いた6両になっている。それ以来、0番代と1000番代が活躍を続けたが、阪和線の快速および普通列車を3扉車に統一するため、2018（平成30）年3月に205系は撤退。その際、0番代の中間車の一部が廃車になったのを除き、奈良線に転じた。

JR西日本発足後、阪和線向けに新製投入された1000番代。登場時はスカートがなかったが、後に追加された（写真は初期のタイプ）。天王寺 2004年12月19日　写真／髙橋誠一

阪和線のカラーのまま奈良線に転属した205系は、1000番代（右）と0番代（左）が共存する。前面窓の大きさのほか、スカートの塗色やジャンパ連結器の有無などの差異がある。0番代には最高速度の違いを示すオレンジ色の細線も残る。2021年8月9日　写真／富井信浩

JR西日本の
205系が集結

奈良線

運行区間　奈良線（全線）、
　　　　　関西本線（木津〜王寺）
運行期間　2018年〜
編　　成　4両

阪和線から全編成が転属
103系との競演も魅力

　阪和線の快速と各駅停車の電車を3扉車に統一するため、撤退を余儀なくされた205系は吹田総合車両所奈良支所へ転属のうえ、奈良線で運用されることになった。まず、1000番代の4両編成5本が2018（平成30）年3月に新天地で運用を開始。続いて編成を7両から6両に短縮して阪和線を走っていた0番代4本が、モハのユニット1組を抜いて4両になり、同年7月から10月にかけて転入した。これで奈良線用に4両編成9本がそろった。車体の帯

は阪和線当時のまま0番代も1000番代もスカイブルーで、0番代は前頭部にオレンジのラインがある。
　2023（令和5）年3月現在、吹田総合車両所奈良支所の205系は奈良線（関西本線木津〜奈良間を含む）の普通列車を、同支所の221系とともに受け持っている。0番代の編成が短縮されたものの、国鉄およびJR西日本で関西に投入された205系全編成が健在なのが頼もしい。この路線では103系が2022（令和4）年3月に定期運用から撤退し、4扉車はすべて205系で統一されている。

1000番代はスカートは変更されているものの、帯色の変更もなく、阪和線に新製投入された頃の姿を残す。2020年9月22日　写真／富井信浩

私鉄で唯一の 205系譲渡先

富士急行

運行区間　全線
運行期間　2012年〜
編　　成　3両

種車のバリエーションで 3種類に分類

関東と関西に新製投入されたのち、路線間の転属や編成の組み替えが盛んに行われてきた205系が、ついに私鉄でも走り始めた。譲渡先となったのは山梨県の大月で中央本線と接続する富士急行※で、営業運転開始は2012(平成24)年2月だった。

富士急行入りした205系は3両編成で、まず2013

量産先行車が種車の6000系。前面形状は205系のオリジナルだが、モハ205形の先頭化改造車でパンタグラフを搭載する。写真のカラーは6000・6500系の標準カラー。

(平成25)年までに、山手線から京葉線に転用された編成から抜き出したクハ204形＋モハ204形＋モハ205形を種車とした4本が入線した(モハ205形は先頭化改造されている)。うち3本は窓が2段の量産先行車、1本は2次車で、富士急行では前者を6000系、後者を6500系と分類した。

その後2018(平成30)年に、京浜東北線から埼京線へ転じた編成から抜き出した3両を種車とした編成が1本が、6500系の仲間に加わった。続いて2019(平成31)年にも3両編成2本が譲渡されるのだが、今度は八高線・川越線の3000番代が種車で、新たに先頭化改造したクモハを含み6700系と名乗る。

なお、3系列とも先頭化改造車の前面形状は、同じ編成の反対側の先頭車(クハ)と同じで、6000・6500系は205系本来の前面、6700系はJR東日本における先頭化改造によるものとデザインが異なる。

これら205系の譲渡車は富士急行線の普通列車の主力となり、カラフルなラッピング編成もある。

左／6500系の6501編成は「マッターホルン号」塗装をまとう。
右／元八高・川越線の205系3000番代を種車とする6700系は前面が異なる。

※2022年4月1日から、富士山麓電気鉄道として鉄道事業を分社化。路線名は富士急行線

第6章

205系の記憶

首都圏の主力として活躍をした205系だけに、通勤や通学をした思い出を持っている読者も多いことだろう。乗務員にとっての205系は、仕事の相棒であった。ブレーキが利かず運転しづらかった、と評される103系に対し、205系は加速が良い、細かい操作がしやすい、などとおおむね高評価だったようだ。乗客の知らない205系を記録する。

写真／長谷川智紀

205系──
運転士の
記憶と記録

文●松本正司

205系が採用した数々の新技術を実感したのは、乗客よりも運転士である。長いこと首都圏の主力だった103系に代わって、首都圏の通勤路線を置き換えた205系のマスコンを握った運転士たちの記憶を、元運転士の松本正司さんが書き留める。

多くの期待を集めた
国鉄のステンレス電車

1985(昭和60)年3月、山手線に22年ぶりに新型車が走り始めた。ちょうどその頃、友人の女性が小学校教師の交換留学でカナダ東部に派遣されることになった。日本の色々なことをカナダの子供たちに見せたいからスライドを送ってほしいと頼まれ、それでさっそく「山手線の新型電車」といって205系の写真を送ったのだが、考えてみれば北米ではステンレス車などとうの昔から当り前になっていたのだった。

国鉄が初めて通勤形電車にオールステンレス車を導入した、というだけのことであり、大手私鉄では当然のようにステンレス車を走らせていた。しかし相当な期待があったようで、金属業界の日本ステンレス協会というところが205系のネクタイピンを作って関係者に配布したくらいだ。田の字窓の1次車の絵柄だが、当時住友金属工業に勤めていた高校の同級生が、もらい物だけど、とプレゼントしてくれた。彼とはもう何年も会っていないけれど、友情の証として大切にしている。

205系がたくさんの期待を受けてデビューした3カ月後、民営化のゴタゴタで国鉄を追われた私は、パスポートを手にして日本を出た。このまま解雇されるのだな、と思っていたら、1987(昭和62)年3月、突然の復職命令が出た。何千人も解雇され、数万の仲間が自ら国鉄を去って行ったのに、何で自分だけ、と思うと、とても喜んでいられないし、今でも複雑な思いがするのだが、そのおかげで今の自分がある。45年の鉄道員生活を無事故で終わることができたのは幸せなことだった。その私が最後に運転したのは、八高線の205系だった。

首都圏の205系のあれこれを同僚や先輩・後輩から聞いた話、そして自分の経験をもとに綴ってみたい。

205系──
山手線時代の話

直通予備ブレーキは201系から採用されたのだが、205系にももちろん装備されている。これは常用ブレーキが一切効かなくなった時のためのバックアップなのだが、このスイッチがまた思わず引きたくなるところ(乗務員室扉の上)に付いている。非常用なので分かりやすいところにあるのは、まあ当り前といえば当り前なのだが……。

普段103系しか運転しない山手線の運転士には珍しかったのだろう。品川区に配属されてすぐの乗務員のハンドル訓練(習熟運転)の際に、走行中に何度も直通予備ブレーキのスイッチが引かれたので、とうとうタイヤが変形してしまい、営業運転前に車輪を転削する羽目になった。「走っている時は触っちゃダメだ、と何度も言ったのに」とは205系の開発に携わり、新

製配置当時、池袋区の検修助役だっ
た、私の教習所時代の恩師の弁。

　初期車のブレーキ設定器（ブレーキ
ハンドル）は当初は金属製で重く、2次
車以降はプラスチック製で軽くなっ
た。初期車を運転する時は、停止寸
前のブレーキ緩めの時にハンドルを
ユルメ方向に叩きつけるようにすると、
いったんゼロになって跳ね返ったと
ころがブレーキ3ノッチか4ノッチく
らいで、衝動なく停車できるのでちょ
うどよかった。だがいつの間にか2次
車以降と同じものに交換されてしま
い、つまらなくなった、とは若い頃、山
手線に乗っていたマニア運転士の弁。

　山手線がすべて205系に置き換わ
る前の、まだ103系と一緒に走って
いた頃の話。朝ラッシュアワーの時な
ど、後続列車が遅れると、先行列車
に抑止をかけて列車間隔を均等にす
るのだが、205系は加速が良いのです
ぐ前の列車に追いついてしまい、何度
も抑止をかけなければならなかった。
山手線が205系で統一されてからは
そんなこともなくなった、と言ったの
は当時輸送指令にいた、私の教習所時
代の担任講師。

　山手線は環状線であり、ほぼ一方向
のカーブなので、長く走っていると左

右の車輪が片方だけ減ってしまう。そ
れで交検（交番検査＝一定期間ごとに
重要な部分を分解して検査する）ごと
に前後の台車を入れ替えて均等に減
るようにしていた。山手線の所属車両
はずっと長いことその作業をしてい
たが、それは205系までで、E231系
以降は車輪転削になった、と話してく
れたのは池袋区にいたベテラン検査
係であった。

中央・総武緩行線の運転士の話

　中央総武緩行、いわゆる総武線に
205系が走っていた頃は、103系・201
系も一緒に走っていた。201系は103
系よりも加速が良く、電柱1本くらい
手前でノッチオフしていた。205系だ
ともう電柱半分くらい。緩行線は駅間
が短いので、かなり差があると感じる。

　標識類は103系を基準に建植され
ているので、惰行票よりかなり手前で
オフしていた。205系はブレーキの応
答性が良く、センチメートル単位で停
止位置を合わせられる。これは運転士
科同期で私と仲の良かったY運転士の
話である。

武蔵野線運転士からの報告

　私の最後の職場の後輩が、武蔵野
線の205系について詳しく聞かせてく
れた。以下、彼の経験談を転載させて
いただく。

――――――――

　武蔵野線を走っていた205系は、界
磁添加励磁制御の6M2Tと、元中央・
総武線や山手線等で活躍していて
VVVF制御に改造された4M4Tの編成
があった。また編成組み替えの際にM
車が不足したため、武蔵野線に新製配
置されたM61編成は中間の2両をT車
に組み替え、残り4MをVVVF制御に
改造したM35編成、そして南武線か
ら転入し、6M2Tに組成したM66編成
などバリエーションが豊かであった。

　103系が大多数を占めていた頃の
私の職場では、「205系はブレーキ決
まって当たり前」などと揶揄され、ま
た、乗務員室と客室との扉に遮光カー
テンがなかったため、夜間やトンネル
内は遮光カーテンを全閉できる103
系と比べ、客室から光が入るのを嫌が
る仲間もいた。

　確かに205系は103系と比べて加
速もよく、103系のフルノッチが4
ノッチなのに対し205系は5ノッチ
で、体感ではあるが添加励磁制御車
は103系のフルノッチと205系の4
ノッチがおおむね同じ加速度であっ
たことから、指導操縦者にもよるが運
転操縦技術の習得のために、見習い
期間はフルノッチ（5ノッチ）を使用
せず、4ノッチまでを使用するように
指導されていた。また、5ノッチから
3ノッチまでは戻しノッチが効き、運
転操縦で技巧を求める運転士はそれ
らの機能を使いこなしていたと思う。

　私が所沢電車区に転勤する直前に
前述のVVVF制御、4M4T編成が転入
してきたが、モーター車が4両なのに
もかかわらず非常に良い加速で、前述
の103系との対比ではないが、VVVF

山手線に新製投入された量産車の運転台。山手線用は速度計の周りにATC表示が付く
のが特徴。右側のブレーキ設定器のハンドルが金属製である。写真／新井 泰

国鉄 205系 通勤形電車

制御4M4T編成で4ノッチの加速が、添加励磁制御6M2T編成のフルノッチ（5ノッチ）相当で、惰行性能は同等であったことから運転時分の短縮にもつながった。しかし、沿線宅地の増加による乗客数の増加や、新駅開業による運転時分の増大で、線区全体からすると到達時間の短縮の効果はあまり出なかったようだ。

また、非常にトルクが強く、70〜80km/hからの再加速でも背中に感じる加速のGはかなりのもので、気にしない運転士はお構いなしにフルノッチを入れていたが、私は3〜5ノッチの進段は1秒に1ノッチずつ進段する要領で行っていた。

通常の抵抗制御車では1ノッチは起動のみ、2ノッチは直列、3ノッチから並列制御となり加速度が落ちないため、車両基地から駅のホームまでの入換運転などは速度超過を防ぐため2ノッチまでの運転という指導であったが、このVVVF編成は2ノッチでも加速度が30km/hを過ぎても落ちてこず、入換運転時の速度超過には気を遣った。またその加速度の強さが災いし、雨の降り始めや小雨時は空転がひどく、加速中にブレーキを当てなければならないほどだった。一時期ソフトを調整したのか加減速時も性能が良好であったが、ひとたび全検等に入って戻ってくるとまた元に戻ってしまうなど、103系ほどではないが、天候によっては気を遣うこともあった。※

ブレーキについては、添加励磁車は25km/hで電気制動が切れ、あとは空気制動のみの減速となり、編成によっては切換のショックが大きくなったり、急に加減速度が変化したりして、特に「ブレーキを詰めていた時」には慌てることもあった。その点VVVF編成は停止寸前まで電制が効き、操作はスムーズだった。

VVVF制御に使用する交流モーターは通常、速度センサーが付いているが、205系VVVF車の交流モーターはセンサレスタイプであったため、車両基地からの出区時の超低速時、1ノッチ流しノッチ後の再加速時は、モーターの回転子が回転方向を制御できなくなり、ノッキングしてその場に停まってしまう、ということもあった。再度停止時から加速すれば通常通りの制御になるが、「バッテリーが切られた状態から起動した初回の加速」でそのような条件になると現象が出た。ただ、投入から数年経つと、それすらも通常の動作として取り扱う運転士たちは体得していた。

205系で晩年に悩まされたのは、前面窓上部から内側への雨漏りであった。運転中に内側へ水がガラスを伝ってくるだけでなく、前面窓内側下部の溝にたまり、吸水材が前面方向幕ユニット下部や前面窓内側下部に貼り付けられたこともしばしばで、前面から見ると白い吸水材が目立ってみっともないことになっていた。

あるとき、添乗の指導員が前面窓下部の配電盤のフタを開けたところ、配電盤の下に水がプールのようにたまり、配線してある電線類が触れてショートしないか冷や冷やしたこともあった。

205系は末期まで大きな故障もなく、その後の209系以降のワンハンドル車に比べると103系と変わりない操作性もあって、特にVVVF編成は添加励磁車に比べ評判は悪くなかったように記憶している。

209系以降の電車も性能がいいのは間違いないが、205系からするとさらに軽量化しているために惰行が効かず、運転操作の回数が増え、以前からの同じ運転方法だとダイヤに乗れないこともあった。それに比べるとある程度の重量もあり、それなりに惰行が効く、ということに加え、運転方法が昔とあまり変わらない、ということも運転士たちの評価が高い要因だったと思われる。

以上が武蔵野線で205系を運転した後輩の経験談である。

※添加励磁制御車の主電動機MT61と、VVVF制御車のMT74は同じ120kW出力でも、VVVF制御の209系が95kW主電動機を短時間過負荷使用で150kW程度の出力を得ているように、短時間なら相当大きな出力で使われていると思われる。なお、201系のMT60主電動機が出力150kWなのは加速力や高速運転のためより、回生ブレーキ時の過電圧への余裕を得るためであった。

京葉線と同じ"メルヘン顔"をした武蔵野線用205系。"メルヘン顔"は界磁添加励磁制御の0番代だが、写真のM35編成はVVVFインバータ制御に改造されていた。南越谷〜東浦和間　2012年1月15日　写真／高橋政士

八高線・川越線で205系を運転

国鉄からJRに変わって、私は上野駅の直営売店に2年、東海道本線の車掌を2年やって1991（平成3）年、東京西エリア（旧・東京西鉄道管理局）の武蔵小金井電車区に運転士として配属になった。ここでの受け持ち線区は、中央本線の東京〜高尾・大月間と青梅線の立川〜青梅間だった。都心から小仏トンネルを越えて富士山が間近に見える大月や、緑濃い青梅まで電車を運転するのは楽しかったが、いかんせん車種が201系しかないので趣味的に面白くない。そのかわり足掛け10年の在籍時に201系の隅々までを知ることができた。201系ファンの集まりで「10年間201系ばかり運転していました」と言ったら、すごくうらやましがられたのはご愛敬である。

ずっと三鷹電車区に転勤希望を出し続けていたら、2001（平成13）年にようやく三鷹区に転勤となった。ここでの受持ち線区は、中央本線の東京〜甲府間と山手貨物線の品川〜新宿間。のちに青梅線の立川〜青梅間が加わった。乗務車種は201系に加えて103系、115系、145系、165・169系、183・189系、301系、E351系と交直流の485系、それに東西線から乗り入れてくる東京メトロ5000系と05系で、のちにE231系800番代、E233系とE257系が加わった。

三鷹に骨を埋めるつもりだったが、乗務員基地統合で2007（平成19）年に三鷹電車区は乗務員無配置となり、立川運転区か新設された八王子運輸区に配置替えとなり、私は八王子に異動となった。ここの受け持ち線区は三鷹区と同じ中央本線の東京〜甲府間と山手貨物線の品川〜新宿間、それに八高線の八王子〜高麗川間と川越線の高麗川〜川越間（一部列車は南古谷）で、車種は103系と301系がなくなり、メトロ車の担当もなくなった。

大宮運転区が川越線川越〜高麗川間から撤退し、八王子運輸区が担当することになった。私の国鉄での最初の職場が大宮機関区だったので、鉄道生活の最初と最後が川越線と八高線ということになる。205系3000番代と209系3000・3100番代が乗務車種に加わった。数回ではあるが、ハンドル訓練で205系10両編成も運転している。

オリジナルの205系の運転台は201系とほとんど同じであり、違和感なく運転することができた。違うところは201系が電磁直通ブレーキで、ブレーキ弁は直通67度のところに1カ所だけノック（クリック）があるのに対し、205系は電気指令式ブレーキでブレーキ設定器には1〜8ノッチの刻みがあることくらいである。

殺風景なほどシンプルな3000番代の運転台

205系3000番代の先頭車はすべて中間車サハ205形の改造であり、運転台はワンハンドルで非常にコンパクトにまとめられている。といえば聞こえはよいが、メーター類も最小限で殺風景なくらいである。人間工学的には監視するゲージは少ない方がよいのだが、松本零士ファンとしては面白みがない。201系でやっていた、並んだメーターをひとつずつ指差しして「各ゲージよし」の確認もなくなった。日除けもサンバイザーではなく、ロールカーテンだった。この運転台には威厳というものが感じられないのだ。

ワンハンドルマスコンは2つあるバネの片方を外したというが、それでも非常に重く、明けの日の1往復など、両手で持って「えいやっ」と引かないといけないくらいに感じたものだった。特急形のE257系やE351系に比べると、いかにもゴツいハンドルだった。従来のツーハンドルに慣れていると、細かい操作に難がある感じで、右利きの

者に改造205系のこの左手ワンハンドルは向かないのではないかと思う。

八高線に投入された205系3000番代の先頭車は、サハからの改造車を連結していた。

ワンハンドル式の205系3000番代の運転台。写真下の、左上に縦に2つ並んだ電圧計の左にある縦長の箱が直通予備ブレーキ。筆者曰く“殺風景”な運転台は、205系というよりも209系やE231系のようだ。　写真／松本正司

機関車を凌駕する 205系の登坂性能

山手線など都会の駅間の短い線区用に造られた205系だが、もともとこの界磁添加励磁制御は近郊形211系用に開発されたシステムで、東海道本線ばかりでなく、上越線や中央本線などの勾配線区でも使えるように、ノッチ戻し制御と抑速ブレーキが可能だった。205系では抑速ブレーキはないが、ノッチ戻しは可能である。

川越線はほとんど平坦で直線も多く、電化時の軌道強化とあいまって、川越～高麗川間が最高速度85km/h、大宮～川越間が95km/hで、非電化時代は全線60km/hだったから、大進歩である。そこそこ駅間距離もあったから、205系4両編成でまったく問題なく走ることができた。

問題は八高線で、蒸気機関車時代はD51形や9600形が重連で貨物列車を牽いていた。無煙化後もDD51形が重連で貨物列車の牽引にあたっていたほどの勾配路線である。そんな勾配も、電車なら苦もなく登るはずである。実際、20‰（1000分の20、1000m進んで20m登るかなりの急勾配である）の上り勾配でも、電車なら加速しながら登ってしまう、普通なら。現に東飯能からの下り列車では、20‰の勾配を加速しながら登り切り、今度は下り勾配での速度超過に気を付けなければならなかった。

事件はよく晴れた冬の朝に起こる。始発電車が高麗川を発車直後、加速しながらR250の急カーブを右に曲がるところから、20‰の上り勾配が続く。ここは山の陰なので日が当たらず、霜の降りたレールを踏んで電車が空転してしまうのである。103系の頃、先頭のクモハが激しく空転して勾配を登れず、高麗川までバックして登り直したがそれでもだめで、とうとう始発列車が運休となる事態が何度も発生した。

205系は先頭はクハで動力は2両目と3両目なので、先頭が動力車の103系ほどではないが、それでも空転して速度が落ちる。私は一度、205系の真冬の始発列車で25km/hまで速度が落ちて冷や汗をかいたことがあった。これだけ空転すれば空転検知が動作するはずなのだが、8軸ある動軸が同じように空転しているらしく、動作しなかった。ちなみに209系では、45km/hくらいで空転しながら登り切った。

勾配を登り切ったところにあるのが宮沢踏切。ここを過ぎれば、あとは次の東飯能まで一直線に勾配を下るだけである。晴れていれば雪をかぶった富士山が真っ正面に見える。この峠を鹿山峠といい、今でもここら辺の森の中には鹿が棲んでいる。蒸気時代は難所であった。

八高線にはこの先、東飯能～金子間の金子坂や八王子～北八王子間の上り勾配があり、今も非電化の八高北線には寄居の坂もある。終戦直後には先ほどの鹿山峠でブレーキが効かなくなった客車列車の脱線転覆や、金子～拝島間・多摩川橋梁上での正面衝突という大きな事故があった。八高線

はローカル線とはいえ、決して気の抜けない路線だった。

八高・川越線用の205系では抑速ブレーキはなかったが、宇都宮・日光線用の600番代には抑速ブレーキが追加改造されている。もともと211系と共通のシステムなので、改造は容易であったはずだ。八高・川越線用3000番代にも抑速ブレーキがあれば、もっと運転が楽だったのではないかと思う。

大都会からローカル線まで、首都圏を縦横に走り回った205系も、残るはあとわずかとなった。2022（令和4）年3月のダイヤ改正で、相模線の500番代と宇都宮線・日光線の600番代が新形式E131系に置き換えとなる。残るは東北唯一の直流線区・仙石線くらいだろうか。西日本に配置された205系はもとより少数派であった。一方で、はるばるインドネシアに渡って行った仲間たちは、現地で一大勢力となって活躍していると聞く。彼女らの末長い活躍を祈って終わりとしたい。
（元国鉄・JR東日本主任運転士）

南越谷～東浦和間　2011年12月27日　写真／髙橋政士

STAFF

編 集
林 要介(「旅と鉄道」編集部)

デザイン
安部孝司

執筆(五十音順)
高橋政士、松尾よしたか、松本正司、林 要介(「旅と鉄道」編集部)

写真・資料協力(五十音順)
新井 泰、岡崎 圭、岸本 亨、小寺幹久(大那庸之助氏写真所蔵)、
佐々木一宏、高橋誠一、高橋政士、富井信浩、中村 忠、
長谷川智紀、松本正司

取材協力
東日本旅客鉄道株式会社

参考文献

『205系通勤形電車説明書』(日本国有鉄道車両設計事務所)、『直流用新形電車教本』(東日本旅客鉄道株式会社)、『形式205系』(イカロス出版)、『国鉄201・203・205・207系電車の軌跡』(福原俊一 著／イカロス出版)、『鉄道ピクトリアル』各号(電気車研究会)、『鉄道ファン』各号(交友社)、『JR全車輛ハンドブック』各号(ネコ・パブリッシング) ほか

旅鉄車両ファイル008

国鉄 205系 通勤形電車

2023年4月28日 初版第1刷発行

編　　　者　「旅と鉄道」編集部
発　行　人　勝峰富雄
発　　　行　株式会社 天夢人
　　　　　　〒101-0051　東京都千代田区神田神保町1-105
　　　　　　https://www.temjin-g.co.jp/
発　　　売　株式会社 山と溪谷社
　　　　　　〒101-0051　東京都千代田区神田神保町1-105
印刷・製本　大日本印刷株式会社

■内容に関するお問合せ先
　「旅と鉄道」編集部　info@temjin-g.co.jp
　電話03-6837-4680
■乱丁・落丁に関するお問合せ先
　山と溪谷社カスタマーセンター
　service@yamakei.co.jp
■書店・取次様からのご注文先
　山と溪谷社受注センター
　電話048-458-3455　FAX048-421-0513
■書店・取次様からのご注文以外のお問合せ先
　eigyo@yamakei.co.jp

名車両を記録する「旅鉄車両ファイル」シリーズ

旅鉄車両ファイル 1
「旅と鉄道」編集部 編
B5判・144頁・2475円

国鉄103系 通勤形電車

日本の旅客車で最多の3447両が製造された通勤形電車103系。すでに多くの本で解説されている車両だが、本書では特に技術面に着目して解説する。さらに国鉄時代の編成や改造車の概要、定期運行した路線紹介などを掲載。図面も多数収録して、技術面から103系の理解を深められる。

旅鉄車両ファイル 2
佐藤 博 著
B5判・144頁・2750円

国鉄151系 特急形電車

1958年に特急「こだま」でデビューした151系電車(登場時は20系電車)。長年にわたり151系を研究し続けてきた著者が、豊富なディテール写真や図面などの資料を用いて解説する。先頭形状の変遷を描き分けたイラストは、151系から181系へ、わずか24年の短い生涯でたどった複雑な経緯を物語る。

旅鉄車両ファイル 3
「旅と鉄道」編集部 編
B5判・144頁・2530円

JR東日本 E4系 新幹線電車

2編成併結で高速鉄道で世界最多の定員1634人を実現したE4系Max。本書では車両基地での徹底取材、各形式の詳細な写真と形式図を掲載。また、オールダブルデッカー新幹線E1系・E4系の足跡、運転士・整備担当者へのインタビューを収録し、E4系を多角的に記録する。

旅鉄車両ファイル 4
「旅と鉄道」編集部 編
B5判・144頁・2750円

国鉄185系 特急形電車

特急にも普通列車にも使える異色の特急形電車として登場した185系。0番代と200番代があり、特急「踊り子」や「新幹線リレー号」、さらに北関東の「新特急」などで活躍をした。JR東日本で最後の国鉄型特急となった185系を、車両面、運用面から詳しく探求する。

旅鉄車両ファイル 5
「旅と鉄道」編集部 編
B5判・144頁・2750円

国鉄EF63形 電気機関車

信越本線の横川〜軽井沢間を隔てる碓氷峠。66.7‰の峠を越える列車にはEF63形が補機として連結された。本書では「碓氷峠鉄道文化むら」の動態保存機を徹底取材。豊富な写真と資料で詳しく解説する。さらに、ともに開発されたEF62形や碓氷峠のヒストリーも収録。

旅鉄車両ファイル 6
「旅と鉄道」編集部 編
B5判・144頁・2750円

国鉄キハ40形 一般形気動車

キハ40・47・48形気動車は、1977年に登場し全国の非電化路線に投入。国鉄分割民営化では旅客車で唯一、旅客全6社に承継された。本書では道南いさりび鉄道と小湊鐵道で取材を実施。豊富な資料と写真を用いて本形式を詳しく解説する。国鉄一般形気動車の系譜も収録。

旅鉄車両ファイル 7
後藤崇史 著
B5判・160頁・2970円

国鉄581形 特急形電車

1967年に登場した世界初の寝台座席両用電車。「月光形」と呼ばれる581系には、寝台と座席の転換機構、特急形電車初の貫通型という2つの機構を初採用した。長年にわたり研究を続けてきた著者が、登場の背景、複雑な機構などを踏まえ、その意義を今に問う。

旅鉄車両ファイル 8
「旅と鉄道」編集部 編
B5判・144頁・2860円

国鉄205系 通勤形電車

国鉄の分割民営化を控えた1985年、205系電車は軽量ステンレス車体、ボルスタレス台車、界磁添加励磁制御、電気指令ブレーキといった数々の新機構を採用して山手線にデビューした。かつて首都圏を席巻した205系も残りわずか。新技術や形式、活躍の足跡をたどる。

発行:天夢人　発売:山と溪谷社　　　　価格はすべて10%税込